U0310701

中等职业教育课程改革新教材

车工技能训练

主　编　孙崇香
副主编　宁国良
参　编　高　鹏　李恒国　吕　明
　　　　姚淑梅　于桂秋
主　审　于孝连

机 械 工 业 出 版 社

本书是为了适应中等职业教育教学改革的需要，结合中等职业教育的特点，从“以学生为主体，以能力为本位，以就业为导向”的教育理念出发，按照从易到难，从简单到复杂的原则而编写的。全书由绪论和4个项目构成，主要内容包括加工阶梯轴、加工套类零件、加工螺纹零件和加工偏心件。在全书的最后还附有【任务测评】和【思考与练习】的参考答案，供读者自学。

本书可作为中等职业学校机械制造技术专业、机械加工专业教材，还可作为企业培训用书。

图书在版编目（CIP）数据

车工技能训练/孙崇香主编．—北京：机械工业出版社，2013.7
中等职业教育课程改革新教材
ISBN 978-7-111-42798-8

Ⅰ.①车…　Ⅱ.①孙…　Ⅲ.①车削—中等专业学校—教材
Ⅳ.①TG510.6

中国版本图书馆CIP数据核字（2013）第122228号

机械工业出版社（北京市百万庄大街22号　邮政编码100037）
策划编辑：张云鹏　责任编辑：张云鹏
版式设计：霍永明　责任校对：杜雨霏
封面设计：马精明　责任印制：张　楠
高教社（天津）印务有限公司印刷
2013年7月第1版第1次印刷
184mm×260mm·7.25印张·157千字
0001-2000册
标准书号：ISBN 978-7-111-42798-8
定价：19.00元

凡购本书，如有缺页、倒页、脱页，由本社发行部调换

电话服务	网络服务
社服务中心：(010)88361066	教材网：http://www.cmpedu.com
销售一部：(010)68326294	机工官网：http://www.cmpbook.com
销售二部：(010)88379649	机工官博：http://weibo.com/cmp1952
读者购书热线：(010)88379203	**封面无防伪标均为盗版**

前　言

本书是为了适应中等职业教育教学改革的需要，结合中等职业教育的特点，从“以学生为主体，以能力为本位，以就业为导向”的教育理念出发，按照从易到难，从简单到复杂的原则而编写的。本书的编写主要有以下特点：

1. 坚持以能力为本，重视操作技能的培养，突出职业教育的特色。

2. 理论知识“适度、够用”，从企业生产实际出发，注重实践性的教学内容，以满足企业对技能型人才的需求。

3. 适应新技术的发展，合理安排训练内容，尽可能体现新知识、新技能。

4. 贯彻国家关于职业资格证书与学历证书相并重的原则，力求使本书内容涵盖有关国家职业标准的知识和技能要求。

5. 采用任务驱动模式，引导学生自主学习，培养学生独立完成工作的能力。

1）在教师的指导下，学生通过观察、模仿、反复练习，掌握基本操作技能。

2）引导学生分析自己的操作动作和生产实习的综合效果，帮助学生总结经验，掌握操作技能，改进操作方法。

本书由山东省淄博市工业学校孙崇香任主编，宁国良任副主编。此外，参与编写的还有广东省城市建设技师学院高鹏、山东省阳谷县职业中等专业学校李恒国、山东省淄博市工业学校吕明、姚淑梅和辽宁省葫芦岛锌厂职业中专于桂秋。全书由山东省淄博市工业学校于孝连主审。在本书的编写过程中，主审提出了许多宝贵意见，在此表示衷心的感谢。

由于编者水平有限，书中难免有错误和不妥之处，恳请广大读者批评指正。

编　者

目　录

绪　论

本课程的任务是培养学生全面牢固地掌握车工的基本操作技能，达到车工（中级工）国家技能鉴定的标准；学会车工的工艺知识，能熟练地使用、维护车床，独立进行一级保养；学会正确使用工具、夹具、量具和刀具；养成安全、文明生产的良好习惯，以及良好的职业道德。另外，在本课程的教学中要注意培养学生的学习兴趣，调动学生的积极性，提高学生的主观能动性和解决实际问题的能力，让学生肯动脑、肯动手、肯学肯钻研，全面掌握车工的基本操作技能。

0.1 安全文明生产

1. 熟记安全文明生产的注意事项。
2. 掌握安全生产要求。
3. 能够自觉遵守各项规章制度，养成遵守制度的习惯。

安全文明生产是生产管理中一项十分重要的内容，它直接影响产品质量的好坏，影响设备和工具、夹具、量具和刀具的使用寿命，影响操作工人技能的发挥，最重要的是它直接影响着操作工人的生命及财产安全。因此，作为职业学校的学生，从学习基本操作技能开始，就要重视培养安全文明生产的良好习惯。本课程中，要求操作者在操作时必须做到文明操作，遵守规章制度。穿紧袖口工作服或戴套袖。女生（长发）应戴工作帽，头发应塞入帽内。禁止穿裙子、短裤、拖鞋和凉鞋进入车间。

1. 安装工件的要求

1）工件要装正、夹牢。

2）工件安装完毕随手取下卡盘扳手。

3）毛坯从主轴孔伸出不得太长，并应使用料架或挡板，防止甩弯后伤人。

2. 安装刀具的要求

1）刀具应垫好，放正，夹牢。

2）装卸刀具和切削加工时，切记锁紧刀架。

3）装好工件和刀具后，必须进行极限位置检查。

3. 起动车床后的要求

1）不能改变主轴转速，变速必须先停车。

2）不能测量工件尺寸，测量必须先停车。

3）不准用手触摸旋转着的工件，特别是加工螺纹时。严禁用棉纱擦拭工件。

4）工作中必须精力集中，不准擅离机床。注意身体和衣服不能靠近旋转的机件，如工件、卡盘、光杠、丝杠等。

5）加工时不准戴手套。

6）头不能距离工件太近，以防切屑飞入眼中。为了防止切屑崩碎飞入眼中，必须戴好防护眼镜。

7）不能用手直接清除切屑，要用专门的工具清除切屑。

8）不得随便装拆电气设备，以免发生触电事故。若工作中发现电气设备有问题，应立即断电并及时报告。不得擅自拆装修理，未经修理完好不得使用。

9）若发现或发生事故，应立即停车，关闭电源，保护好现场，及时处理并向老师汇报。

4. 其他注意事项

1）起动车床前，检查车床各手柄位置是否正确。起动后，应使主轴低速空转 1 ~ 2min（冬季 3 ~ 4min），使各个运动部位得到充分润滑。

2）工作中需要变速时，必须先停车。变换进给箱手柄位置要在低速时进行。

3）不允许在卡盘及床身导轨上敲击或校直工件。

4）装夹较重工件时，应垫木板以保护车床导轨。

5）车刀磨损后要及时刃磨，以免增加车床负荷，损坏机床。

6）车削铸铁、气割下料的工件前，要擦去导轨上润滑油，清除工件上的型砂及杂质。

7）使用切削液时，要在车床导轨上涂上润滑油。切削液应定期更换。

8）操作结束后，应清除车床及其周围的切屑和切削液，擦净后按规定在加油部位加注润滑油。

9）操作结束后，将床鞍移至床尾一端，各转动手柄放到空挡位置，关闭电源。

10）工具须放在固定位置，不得随便乱放。

11）爱护工量具，经常保持清洁，用后擦净、涂油，放入盒内。

0.2 车床的分类与基本结构

学习任务

1. 了解车床的分类编号。
2. 掌握普通卧式车床的构成及各部分的作用。
3. 能够准确说出各个部分的名称及作用。

0.2.1 车床的编号

车床是机械加工设备中最普遍也是应用最多的金属切削机床。车床的作用就是车削加工，它利用工件的旋转运动和刀具的进给（直线或曲线）运动，来改变毛坯的形状和尺寸，使之成为合格的产品。在当前的机械加工行业中，车床的比例几乎超过50%，并还有继续扩大的趋势。

我国现行的车床型号是根据 GB/T 15375—2008《金属切削机床型号编制办法》的规定进行编号的。车床型号由英文字母和阿拉伯数字组成，如图 0-1 所示。类代号中 C 代表车床，X 代表铣床，XK 代表数控铣床，M 代表磨床，T 代表镗床，Z 代表钻床。

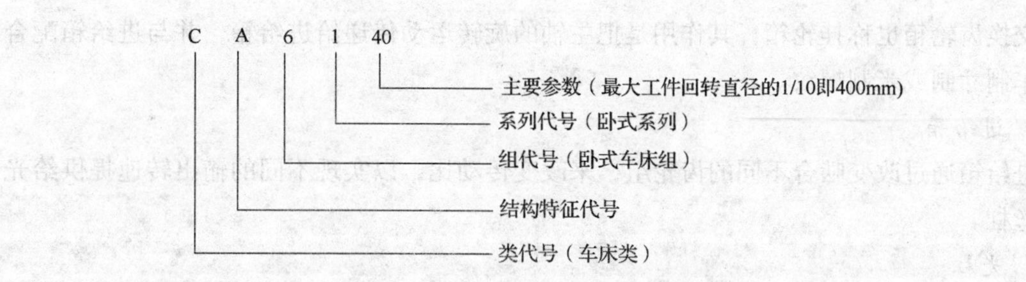

图 0-1 CA6140 型车床各代号含义

0.2.2 车床的分类

按用途和结构的不同，车床主要分为卧式车床和落地车床、立式车床、转塔车床、单轴自动车床、多轴自动和半自动车床、仿形车床及多刀车床和各种专门化车床，如凸轮轴车床、曲轴车床、车轮车床、铲齿车床。在所有车床中，以卧式车床应用最为广泛。卧式车床加工尺寸公差等级可达 IT7 ~ IT8，表面粗糙度 *Ra* 值可达 1.6μm。

卧式车床的加工对象广，主轴转速和进给量的调整范围大，能加工工件的内外表面、端面和内外螺纹等。这种车床主要由工人手工操作，因此生产效率低，适用于单件、小批生产。

0.2.3 卧式车床的构成

卧式车床如图 0-2 所示，主要由以下几部分构成。

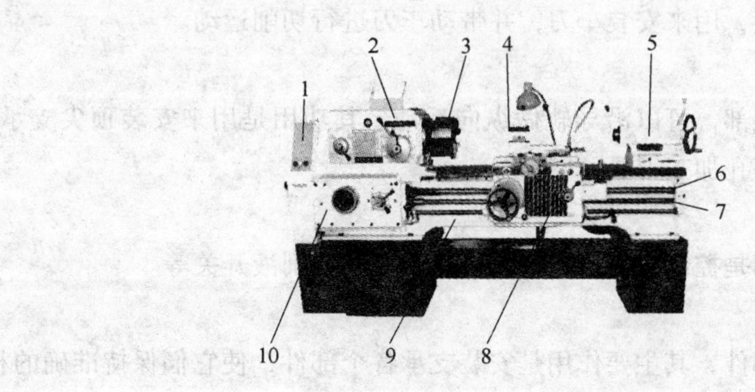

图 0-2 CA6140 卧式车床外形

1—交换齿轮箱 2—主轴箱 3—卡盘 4—刀架 5—尾座 6—丝杠

7—光杠 8—溜板箱 9—床身 10—进给箱

1. 主轴箱部分

主轴箱部分安装于车床的左上位置，实现工件的主运动，即旋转运动。

1）变速齿轮组：实现主轴转速的调整。

2）离合器：过载保护。当切削过载时打滑保护机床。

3）卡盘：装夹并带动毛坯或工件旋转，是主运动。

2. 交换齿轮箱

交换齿轮箱也称挂轮箱，其作用是把主轴的旋转运动传递给进给箱，并与进给箱配合可以车制寸制或米制螺纹。

3. 进给箱

进给箱通过改变啮合不同的齿轮组，来改变传动比，以实现不同的输出转速提供给光杠或丝杠。

4. 光杠

光杠将进给箱传来的动力传递给溜板箱。

5. 丝杠

丝杠将进给箱传来的动力传递给溜板箱（车螺纹专用）。

6. 溜板箱

自动进给时，溜板箱将丝杠或光杠传来的动力传递给溜板。手动时切断丝杠或光杠传来的动力。通过手轮手动控制车刀运动。

7. 刀架运动部分

1）床鞍：沿机床导轨做纵向运动。

2）中滑板：沿床鞍上的横向导轨做横向运动。

3）小滑板：安装在中滑板上，可以在水平面内旋转一定角度带动刀架沿选定的方向运动。

8. 刀架

刀架安装在小滑板上，用来安装车刀，并带动车刀进行切削运动。

9. 尾座

尾座位于车床导轨尾部，可以沿导轨做纵向运动。其功用是用来安装顶尖支承工件，还可以安装钻头、铰刀等孔加工刀具。

10. 电气部分

电气部分的主要作用是控制电动机转停、机床照明、切削液开关等。

11. 床身

床身是车床的基础部件，其主要作用是安装支承各个部件，使它们保持准确的相对位置，从而组合成一个完整的整体。

0.2.4 车床动力传递路线

普通卧式车床的动力传递路线如图 0-3 所示。

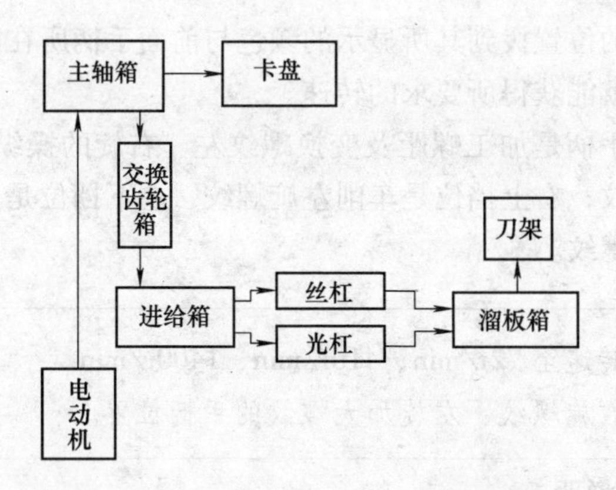

图 0-3 普通卧式车床的动力传递路线

0.3 车床的操作训练

学习任务

1. 掌握车床的起动、调速（主轴及进给）方法。
2. 掌握车床的操作及刀架的使用。
3. 能正确安装卡盘上的卡爪。

0.3.1 起动车床

起动车床前，必须检查车床各变速手柄是否处于空挡位置，离合器是否处于正确位置，操纵杆是否处于停止状态。检查并确定没有问题后，才可合上电源总开关，开始操纵机床。

首先按下机床上的起动按钮（一般是绿色），使电动机起动，接着将溜板箱右侧操纵杆手柄向上提起，主轴便正转；若是向下按下，主轴便是反转；若将手柄置于中间位置，主轴停止转动。若是较长时间停止主轴转动，必须按下床鞍上的红色停止按钮，使电动机停止转动。下班时，要关闭车床的电源总开关，并切断车床的电源闸刀开关。

技能操作训练

1）车床电源的开关顺序操作训练。

2）车床床身上开关按钮的正确顺序操作训练。

3）车床主轴正、反转及停车的操作训练。

0.3.2 车床主轴及进给调速

不同型号的车床有不同的调速方法，使用前可参考该车床的使用说明书，下面以CA6140 型车床为例来说明车床主轴及进给的变速方法。CA6140 型车床主轴变速通过主轴箱正面右侧两个叠套的手柄位置来控制。前面的手柄有六个挡位，每个挡位上有四级转速，若要选择其中某一转速可通过后面的手柄来控制。后面的手柄除有两个空挡外，还有四个挡位，只要将手柄的位置拨到其所显示的颜色与前面手柄所在的挡位上的转速数字所标示的颜色相同的挡位就能获得所要求的转速。

主轴箱正面左侧的手柄是加工螺距及变换螺纹左、右旋的操纵机构。它有四个挡位，左上挡位是车削右旋螺纹，右上挡位是车削左旋螺纹，左下挡位是车削右旋加大螺纹，右下挡位是车削左旋加大螺纹。

技能操作训练

1）分别调整主轴转速至72r/min、410r/min、1400r/min。

2）分别调整车削右旋螺纹、左旋加大螺纹的手柄位置。

0.3.3 进给箱调速操作说明

CA6140型车床进给箱正面左侧有一个手柄，右侧有前后叠装的两个手柄。前面的手柄有A、B、C、D四个挡位，是丝杠、光杠变换手柄；后面的手柄有Ⅰ、Ⅱ、Ⅲ、Ⅳ四个挡位与有八个挡位的手轮相配合，用以调整螺距及进给量。具体操作应根据加工要求，查找进给箱油池盖上的螺纹和进给量调配表来确定手柄的具体位置。当后手柄处于正上方时是第Ⅴ挡，此时，齿轮箱的运动不经进给箱变速，而与丝杠直接相连接。

技能操作训练

1）确定车削螺距为1mm、2mm、6mm的米制螺纹时，手柄的位置。

2）确定纵向进给量为0.9mm，横向进给量为0.2mm时，手柄的位置。

0.3.4 刀架移动操作

1）床鞍纵向移动由溜板箱正面左侧的大手轮控制。顺时针转动手柄时，床鞍向右移动；逆时针转动手柄时，床鞍向左移动。

2）中滑板手柄控制中滑板的横向移动和横向进给量。顺时针转动手柄时，中滑板向远离操作者的方向移动；逆时针转动手柄时，中滑板向靠近操作者的方向移动。

3）小滑板可作短距离的纵向移动。小滑板手柄顺时针转动时，小滑板向右移动，小滑板手柄逆时针转动时，小滑板向左移动。

技能操作训练

1）床鞍向左、向右移动。

2）中滑板横向进刀、横向退刀。

3）小滑板向左移动、向右移动。

0.3.5 刀架的操作训练

刀架相对于小滑板的转位和锁紧通过刀架上的手柄控制刀架定位、锁紧元件来实现。逆时针转动刀架手柄，可以实现调换车刀；顺时针转动刀架手柄时，刀架就被锁紧了。

技能操作训练

1）空刀架进行刀位转换及锁紧的操作训练。

2）刀架上安装四把刀，再进行刀架转位与锁紧的操作训练。训练时要留出足够的操作空间，要注意不要让车刀或者刀架与卡盘、尾座或工件相撞。

0.3.6 尾座的操作训练

1）尾座在床身内侧的山形导轨和平导轨上沿纵向移动，并通过尾座上的两个锁紧螺母使尾座固定在床身上的任一位置。

2）尾座上有两个手柄，左手柄是尾座套筒的锁紧手柄，顺时针扳动此手柄，可使尾座套筒固定在需要工作位置；右边手柄为尾座快速紧固手柄，逆时针扳动时，能使尾座快速固定在导轨上需要工作位置。

3）松开尾座左边的手柄，转动尾座右端的手轮，能使尾座套筒实现进、退移动。

技能操作训练

1）尾座套筒进、退移动操作训练。

2）尾座沿床身向前移动操作训练。

3）尾座及套筒的固定操作训练。

0.3.7 卡爪拆装训练

1）卡爪有正反两副，正卡爪用于装夹外圆直径较小和内孔直径较大的工件，反卡爪用于装夹外圆直径较大的工件。

2）安装时，要按卡爪上的号码依1、2、3的顺序安装。若是号码看不清，就把三个卡爪并排放在一起，比较卡爪端面螺纹牙数的多少，最多的为1号，最少的为3号。

3）安装时，把卡盘扳手的方榫插入卡盘外壳圆柱面上的方孔中，按顺时针方向转动，以驱动大锥齿轮背面的平面螺纹。当平面螺纹的螺扣转到将要接近壳体上的1号槽时，将1号卡爪插入壳体槽内，继续顺时针转动卡盘扳手，在卡盘壳体上的2槽、3槽处依次装入2号、3号卡爪。拆卸的方法与安装的方法相反。

技能操作训练

1）正卡爪的安装。

2）反卡爪的安装。

0.4 车床的润滑和维护保养

学习任务

1. 了解车床维护保养的重要意义。
2. 掌握车床日常注油部位及注油方式。
3. 掌握车床的日常维护保养要求。
4. 会选择正确的方式对车床进行润滑保养。

为了保证车床的正常运转，减少磨损，延长机床及其零部件的使用寿命，应对车床的所有摩擦部位进行润滑，并注意日常的维护保养。

0.4.1 车床润滑方式

浇油润滑用于车床外露的滑动表面，如床身导轨面，中、小滑板导轨面。

溅油润滑常用于密闭的箱体中。例如，车床齿轮箱内的零件一般是利用齿轮的转动把润滑油飞溅到各处进行润滑。

油绳润滑常用于进给箱和溜板箱的油池中。将毛线浸在油槽内，利用毛线的吸油及渗油的作用把油引到所需润滑的部位。

弹子油杯润滑用于尾座和中滑板、小滑板、摇手柄及三杠支架的转动轴承处。润滑时，油嘴压下弹子将润滑油滴入。滴油完毕，移走油嘴，弹子会自动复位，重新封住油口，防止尘屑进入。

黄油杯润滑常用于交换齿轮箱中交换齿轮架的中间轴或者不便经常润滑处。润滑时，先在黄油杯中装工业润滑脂，旋转油杯盖时，润滑油就会挤入轴承套内。

油泵循环润滑是依靠车床内的油泵供应充足的油来润滑的。常用于转速高、需要大量润滑油连续强制润滑的机构中。主轴箱内许多润滑点就采用这种润滑方式。

车床进给箱内应有足够的润滑油，一般是加到油标孔的一半。箱内的齿轮用溅油法进行润滑，主轴后轴承用油绳润滑。

0.4.2 常用车床的润滑要求

主轴箱内的零件用油泵循环润滑或飞溅润滑。箱内润滑油一般三个月更换一次。主轴箱体上有一个油标，若发现油标内无油输出，说明油泵输油系统有故障，应立即停车检查断油的原因，待修复后，才能起动车床。

进给箱内的齿轮和轴承，除了用齿轮飞溅润滑外，在进给箱上部还有用于油绳导油润滑的储油槽，每班应给该储油槽加一次油。

交换齿轮箱中间齿轮轴轴承是黄油杯润滑，每班一次，7 天加一次钙基润滑脂。

尾座和中、小滑板手柄及光杠、丝杠、刀架转动部位常用弹子油杯润滑。每班润滑一次。

此外，床身导轨、滑板导轨在工作前后都要擦净，用油枪加油。

0.4.3 车床的日常保养

1）每天工作后，切断电源，对车床各表面、各罩壳、铁屑盘、导轨面、丝杠、光杠、各操纵手柄和操纵杆进行擦拭，做到无油污、无铁屑，车床外表清洁。

2）清扫完毕后，应做到“三后”，即尾座、中滑板、溜板箱要移动至机床尾部，并按润滑要求进行润滑保养。

3）每周要求保养床身导轨面和中、小滑板导轨面，并做好转动部位的清洁、润滑。要求油眼畅通，油标清晰，要清洗油绳和护床油毛毡，保持车床外表清洁和工作场地整洁。

0.4.4 车床的一级保养

车床的保养工作直接影响到零件加工质量的好坏和生产效率的高低。通常，当车床运行 500h 后，需进行一次一级保养。其保养工作以操作工人为主，维修工人配合进行。保养时，必须先切断电源，然后按断电、拆卸、清洗、润滑、安装、调整、试运行的顺序和要求进行。

1. 主轴箱的保养

1）清洗滤油器。

2）检查主轴锁紧螺母有无松动，紧定螺钉是否拧紧。

3）调整制动器及离合器摩擦片间隙。

2. 齿轮箱部分的保养

1）清洗齿轮、轴套，并在油杯中注入新油脂。

2）调整齿轮啮合间隙。

3）检查轴套有无晃动现象。

3. 滑板和刀架的保养

拆洗刀架和中、小滑板，洗净擦干后重新组装，并调整中、小滑板与镶条（塞铁）的间隙。

4. 尾座的保养

拆洗尾座套筒，擦净后涂油，以保持其内外清洁。

5. 润滑系统的保养

1）清洗冷却泵、滤油器和盛液盘。

2）保证油路畅通，油孔、油绳、油毡清洁无铁屑。

3）确保油质良好，油杯齐全，油标清晰。

6. 电气部分的保养

1）清扫电动机、电气箱上的尘屑。

2）电气装置固定整齐。

7. 外表的保养

1）清洗车床外表面及各罩盖，保持其内、外清洁，无锈蚀，无油污。

2）清洗三杠。

3）检查并补齐各螺钉、手柄球、手柄。

【任务测评】

1. 分析下面部位分别用哪种润滑方式

（1）三杠的支架轴承处；（2）导轨；（3）交换齿轮箱中交换齿轮架的中间轴；（4）进给箱内的齿轮。

2. 填空

（1）主轴箱内的润滑油一般________更换一次。

（2）进给箱内的储油槽应________加油一次。

（3）交换齿轮箱中间齿轮轴轴承处的黄油杯应________一次，________天加一次钙基润滑脂。

（4）尾座等转动部位用弹子油杯润滑，应____润滑一次。

（5）导轨应在工作____用油枪润滑。

（6）车床运行____h 后，进行一级保养。

【知识拓展】润滑油的种类及名称，选择方法及原则

普通卧式车床属于一般设备，一般工作在常温环境，不与水蒸气、腐蚀性气体接触。选用润滑油的主要技术指标是粘度，选用油种一般为机械油和润滑脂。

1. 机械油

机械油是一种不含任何添加剂的矿物润滑油，其安定性较差，国外已淘汰。近年来我国也逐渐用液压油来替代机械油，但仍有几个牌号的机械油在一些设备上使用。

机械油按 40℃ 运动粘度分为 N5、N7、N10、N15、N22、N32、N46、N68、N100、N150 共十个牌号，数字越大表示其粘度越大。

选用机械油时，主要根据机械摩擦部件的负荷、运动速度和温度来选择合适的牌号。普通卧式车床一般选用 N46 和 N32 机械油。

2. 润滑脂

将某种稠化剂均匀地分散在润滑油中，所得到的半流体状或粘稠膏状的物质就是润滑脂，俗称黄油和牛油。其基本组成是稠化剂、润滑油和添加剂。国产通用润滑脂大部分是用稠化剂名称定义的。

常用的钙基润滑脂便是用钙皂作稠化剂的。它的名称前面也标有数字，即是牌号。一般规律是数字小的滴点低，针入度大。例如，钙基润滑脂为 1#、2#、3#、4#、5#，其滴点分别为 75℃、80℃、85℃、90℃、95℃，其针入度依次为 310 ~ 340、265 ~ 290、210 ~ 250、175 ~ 205、130 ~ 160。润滑脂的选用一般按车床使用说明书来选用。

0.5 切削用量

学习任务

1. 掌握车削的基本概念。
2. 掌握切削用量的基本概念。
3. 能够正确计算出切削用量。

0.5.1 车削的基本概念

机床切削运动是由刀具和工件做相对运动而实现的。按切削运动所起作用可分为两类，即主运动（图 0-4 中 v）和进给运动（图 0-4 中 f）。

1. 主运动

主运动是切除工件切屑形成新表面必不可缺少的基本运动，其速度最高，消耗功率最多。切削加工的主运动只能有一个。车削时，工件的旋转运动为主运动。

2. 进给运动

进给运动是使切削层间断或连续投入切削，从而加工出完整表面所需的切削运动。其

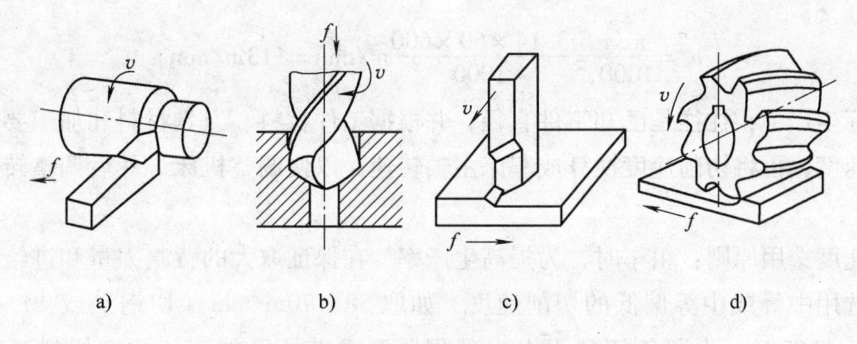

图 0-4　切削运动方式

a）车削　b）钻削　c）刨削　d）铣削

速度小，消耗功率少。进给运动可有一个或多个。车削时，刀具的纵向、横向和斜向运动统称为进给运动。

0.5.2　切削时产生的表面

在切削运动作用下，工件上的切削层不断地被刀具切削并转变为切屑，从而加工出所需要的工作新表面。因此，工件在切削过程中形成了三个不断变化着的表面，如图 0-5 所示。

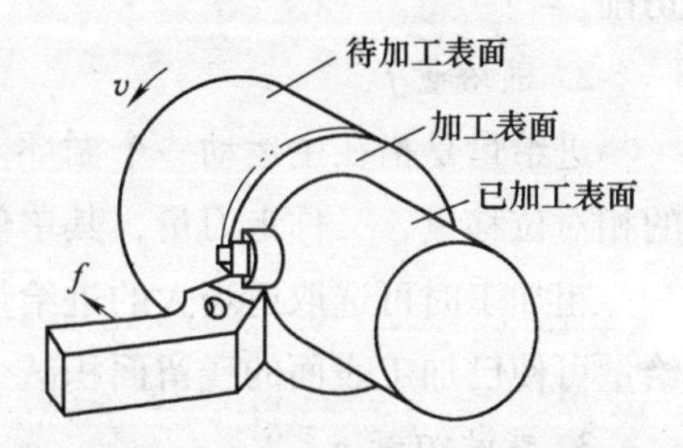

图 0-5　切削时形成的三个不断变化着的表面

1）待加工表面：工件上即将被切去切屑的表面。

2）已加工表面：工件上已切去切屑的表面。

3）加工表面：又称过渡表面，是指工件上正被切削刃切削的表面。

0.5.3　切削用量

切削用量包括切削速度、进给量和背吃刀量（切削深度），俗称切削三要素。它们是表示主运动和进给运动最基本的物理量，是切削加工前调整机床运动的依据，并对加工质量、生产率及加工成本都有很大影响。

1. 切削速度 v_c

切削速度是指在切削加工时，刀具切削刃上的某一点相对于待加工表面在主运动方向上的瞬时速度。也可以理解为车刀在 1min 内车削工件表面的理论展开直线长度，或单位时间内工件与刀具沿主运动方向的最大线速度。

车削时的切削速度由下式计算，即

$$v_c = \frac{\pi dn}{1000}$$

式中　v_c——切削速度（m/s 或 m/min）；

d——工件待加工表面的最大直径（mm）；

n——工件每分钟的转数（r/min）。

【例 0-1】车削直径 $d = 60\text{mm}$ 的工件外圆，车床主轴转速 $n = 600\text{r/min}$，求切削速

度 v_c。

解 $$v_c=\frac{\pi dn}{1000}=\frac{3.14\times60\times600}{1000}\text{m/min}=113\text{m/min}$$

在实际生产中，往往是已知工件直径，并根据工件材料、刀具材料和加工要求等因素选定切削速度，再将切削速度换算成车床主轴转速，以便调整机床。然后调整转速手柄的位置。

切削速度选用原则：粗车时，为提高生产率，在保证取大的背吃刀量和进给量的情况下，一般选用中等或中等偏低的切削速度，如取 50～70m/min（切钢）或 40～60m/min（切铸铁）；精车时，为避免切削刃上出现积屑瘤而破坏已加工表面，切削速度取较高（100m/min 以上）或较低（6m/min 以下）。但采用低速切削时生产率低，只有在精车小直径的工件时采用。一般用硬质合金车刀高速精车时，切削速度取 100～200m/min（切钢）或 60～100m/min（切铸铁）。由于初学者对车床的操作不熟练，不宜采用高速切削。

2. 进给量 f

进给量是指在主运动一个循环（或单位时间）内，车刀与工件之间沿进给运动方向上的相对位移量，又称走刀量，其单位为 mm/r。即工件转一转，车刀所移动的距离。

粗加工时可选取适当大的进给量，一般取 0.15～0.4mm/r；精加工时，采用较小的进给量可使已加工表面的残留面积减少，有利于提高表面质量，一般取 0.05～0.2mm/r。

3. 背吃刀量 a_p

车削时，背吃刀量是指待加工表面与已加工表面之间的垂直距离，单位为 mm，其计算式为

$$a_p=\frac{d_w-d_m}{2}$$

式中 d_w——工件待加工表面的直径（mm）；

d_m——工件已加工表面的直径（mm）。

【例 0-2】 已知工件直径为 95mm，一次进给车至 90mm，求背吃刀量。

解

$$a_p=\frac{d_w-d_m}{2}=\frac{95\text{mm}-90\text{mm}}{2}=2.5\text{mm}$$

粗加工应优先选用较大的背吃刀量，一般可取 2～4mm；精加工时，选择较小的背吃刀量对提高表面质量有利，但背吃刀量过小又使工件上原来凹凸不平的表面可能没有完全切除掉而达不到满意的效果，一般取 0.3～0.5mm（高速精车）或 0.05～0.10mm（低速精车）。

【任务测评】

车削 ϕ60mm 的短轴外圆，若要求一次进给车至 ϕ55mm，当选用 v_c = 80mm/min 的切削速度时，试问背吃刀量和主轴转速应选多大？

0.6 车刀

学习任务

1. 熟悉常用车刀种类，能够正确识别各种常用车刀。

2. 了解车刀各部位的名称，学会测量车刀的前角和后角。能够正确识别车刀各部分的名称及结构。

3. 熟练掌握车刀的刃磨。

刀具是切削加工的主要工具。刀具种类繁多，形状各种各样，但就刀具的切削部分而言，均可看做是车刀的变形，因此车刀是最基本的切削刀具。在确定刀具的基本定义时，以外圆车刀为基础。

0.6.1 车刀的种类和用途

按用途，车刀可分为外圆车刀、端面车刀、切断刀、内孔车刀、成形车刀和螺纹车刀等。按结构，车刀可分为整体车刀、焊接车刀、机夹车刀和可转位车刀等。按制造刀头的材料，车刀分为高速钢车刀和硬质合金车刀。

用机械夹紧的方式将用硬质合金制成的各种形状的刀片固定在相应标准的刀杆上，一条切削刃用钝后可迅速转位换成相邻的新切削刃，即可继续工作，直到刀片上所有切削刃均已用钝，刀片才报废回收。更换新刀片后，车刀又可继续工作。这种刀具由于不再磨刀，可大大减少停机换刀等辅助时间，生产效率高。另外，由于刀杆使用寿命长，大大减少了刀杆的消耗和库存量，简化了刀具的管理工作，降低了刀具成本。

常见车刀的种类和用途见表0-1。

表0-1 常见车刀的种类和用途

车刀种类	车刀外形	用途	车削示意图
90°车刀（又称偏刀，分左偏刀和右偏刀	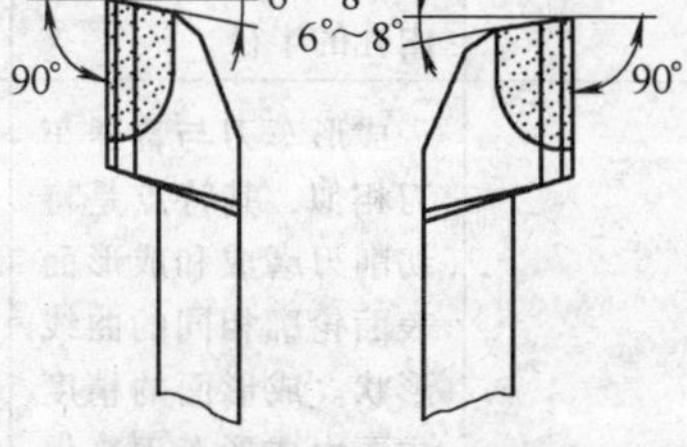 90° 6°～8° 6°～8° 90° 右偏刀 左偏刀	用来车削工件的端面和台阶，有时也用来车外圆，特别是用来车削细长工件的外圆，可以避免把工件顶弯	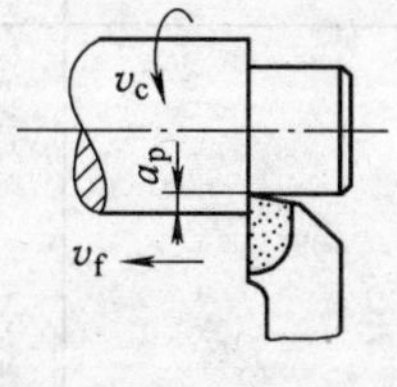 v_c a_p v_f
75°车刀	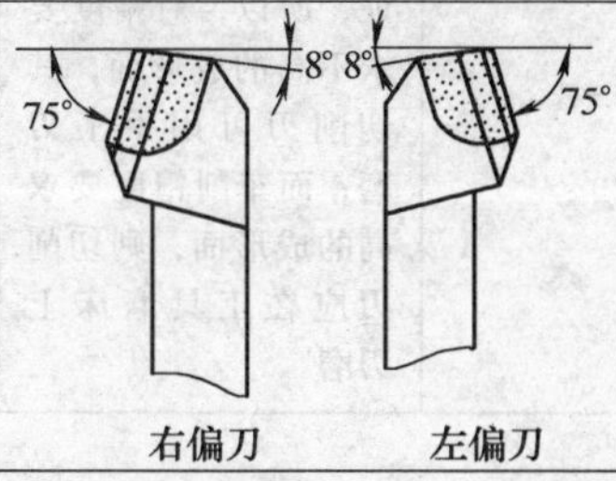 75° 8° 8° 75° 右偏刀 左偏刀	主偏角为75°，适用于粗车加工余量大、表面粗糙、有硬皮或形状不规则的零件，它能承受较大的冲击力，刀头强度高，使用寿命长	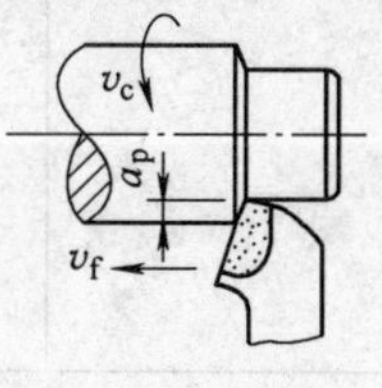 v_c a_p v_f

（续）

车刀种类	车刀外形	用途	车削示意图
45°车刀（又称弯头车刀）	45° 45°	主要用于车削不带台阶的光轴，可以车外圆、端面和倒角，使用方便，刀头和刀尖部分强度高	v_c a_p v_f
车断刀与车槽刀	前刀面 副切削刃 主切削刃 主后刀面 副后刀面 1°～3° 1°～1.5° 6°～8° R10～R15 5°～20°	车断刀的刀头较长，其切削刃也狭长，这是为了减少工件材料消耗和车断时能切到中心的缘故。因此，车断刀的刀头长度必须大于工件的半径。 车槽刀与车断刀基本相似，只不过其形状应与槽间一致	v_c v_f
内孔车刀	92°～95° 6°	通孔刀的主偏角为45°～75°，副偏角为20°～45°；扩孔刀的后角为10°～20°；不通孔刀的主偏角应大于90°，刀尖在刀杆的最前端，为了使内孔底面车平，刀尖与刀杆外端距离应小于内孔的半径	v_c v_f
圆头车刀（成形车刀）		成形车刀与普通车刀相似，其特点是将切削刃磨成和成形面表面轮廓相同的曲线形状。成形面的精度主要由成形车刀来保证，所以，对精度要求不高的成形面，其切削刃可用手工刃磨；而车削精度要求高的成形面，则切削刃应在工具磨床上刃磨	

（续）

车刀种类	车刀外形	用　途	车削示意图
外螺纹车刀	60°	螺纹按牙型有三角形、方形和梯形等，相应使用三角形螺纹车刀、方形螺纹车刀和梯形螺纹车刀等。螺纹的种类很多，其中以三角形螺纹应用最广。采用三角形螺纹车刀车削米制螺纹时，其刀尖角必须为60°，前角取0°	v_c v_f

0.6.2　车刀各部分的名称和几何形状

车刀根据刀体的不同可分为可转位、焊接式及整体式三种类型，如图0-6所示。但是不管哪种都是由刀柄与刀体组成。刀柄是刀具的夹持部分；刀体是刀具上夹持或焊接刀片的部分，由它形成切削刃的部分。

刀体是车刀的切削部分，一般车刀都由“三面二刃一尖”组成，即前刀面、主后刀面、副后刀面、主切削刃、副切削刃和刀尖，如图0-7a所示。

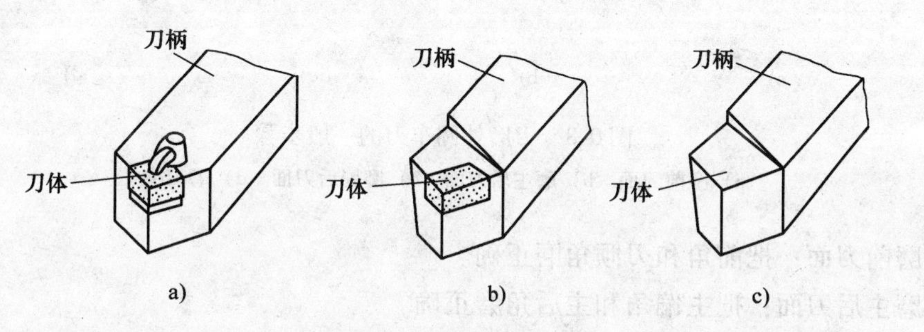

图0-6　车刀的类型

a）可转位车刀　b）焊接式车刀　c）整体式车刀

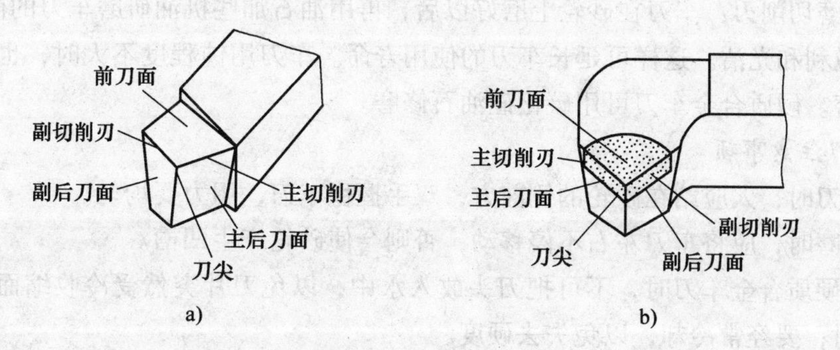

图0-7　车刀的结构

a）外圆车刀　b）内孔车刀

1）前刀面：车刀上切屑流经的表面。

2）主后刀面：车刀上与工件过渡表面相对的表面。

3）副后刀面：车刀上与工件已加工表面相对的表面。

4）主切削刃：前刀面与主后刀面相交的部位，它担负着主要的切削任务。

5）副切削刃：前刀面与副后刀面相交的部位，靠近刀尖部分参加少量的切削任务。

6）刀尖：主切削刃与副切削刃连接处的那一小部分切削刃。为了增加刀尖处的切削强度，改善散热条件，在刀尖处磨有圆弧过渡刃。

0.6.3 车刀的刃磨

无论硬质合金车刀还是高速钢车刀，在使用之前都要根据切削条件所选择的合理切削角度进行刃磨，一把用钝了的车刀，为恢复原有的几何形状和角度，也必须重新刃磨。

1. 磨刀步骤（图0-8）

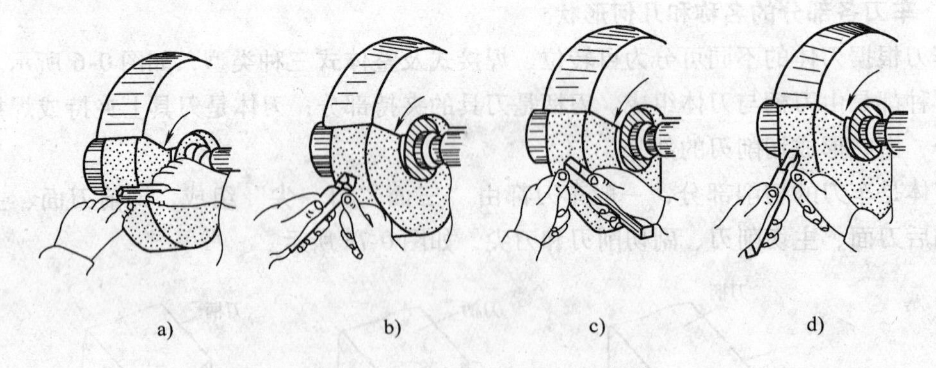

图0-8 刃磨外圆车刀的一般步骤

a）磨前刀面 b）磨主后刀面 c）磨副后刀面 d）磨刀尖

1）磨前刀面：把前角和刃倾角磨正确。

2）磨主后刀面：把主偏角和主后角磨正确。

3）磨副后刀面：把副偏角和副后角磨正确。

4）磨刀尖圆弧：圆弧半径$R0.5\sim R2$mm。

5）研磨切削刃：车刀在砂轮上磨好以后，再用油石加些机油研磨车刀的前面及后面，使切削刃锐利和光洁。这样可延长车刀的使用寿命。车刀用钝程度不大时，也可用油石在刀架上修磨。硬质合金车刀可用碳化硅油石修磨。

2. 磨刀注意事项

1）磨刀时，人应站在砂轮的侧前方，双手握稳车刀，用力要均匀。

2）刃磨时，应将车刀左右不停移动，否则会使砂轮产生凹槽。

3）磨硬质合金车刀时，不可把刀头放入水中，以免刀片突然受冷收缩而碎裂。磨高速钢车刀时，要经常冷却，以免失去硬度。

【知识拓展】

1. 车刀角度的辅助平面

假设：① 不考虑进给运动；② 规定车刀刀尖与工件中心等高；③ 刀柄的中心线垂直

于进给方向。因此，参考系为静止参考系，主要坐标平面有基面 p_r、切削平面 p_s、正交平面（主剖面）p_o、假定工作平面 p_f、背平面 p_p 组成，如图 0-9 所示。

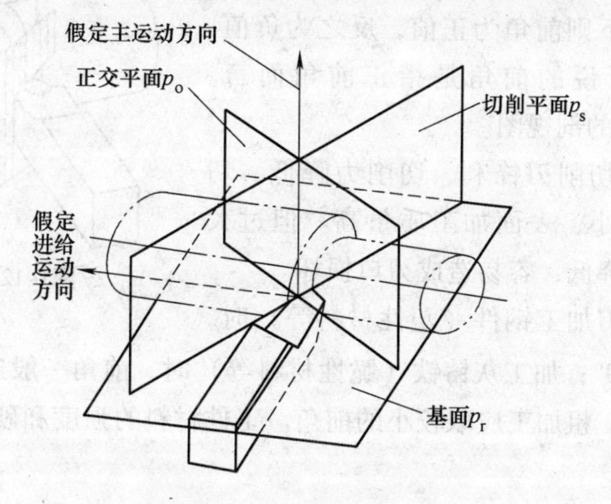

图 0-9　车刀角度的辅助平面

（1）基面（p_r）　通过主切削刃选定点，垂直于假定主运动方向的平面称为基面。

（2）切削平面（p_s）　切削平面通过主切削刃选定点，与切削刃相切并垂直于基面。

（3）正交平面（p_o）　正交平面通过主切削刃选定点，并同时垂直于基面和切削平面。

2. 车刀的角度

车刀的主要角度有前角 γ_o、后角 α_o、主偏角 κ_r、副偏角 κ_r' 和刃倾角 λ_s（图 0-10）。

车刀的角度是在切削过程中形成的，它们对加工质量和生产率等起着重要作用。在切削时，与工件加工表面相切的假想平面称为切削平面，与切削平面相垂直的假想平面称为基面，另外采用机械制图的假想剖面（主剖面），由这些假想的平面再与刀头上存在的三面二刃就可构成实际起作用的刀具角度（图 0-11）。对车刀而言，基面呈水平面，并与车刀底面平行。切削平面、主剖面与基面是相互垂直的。

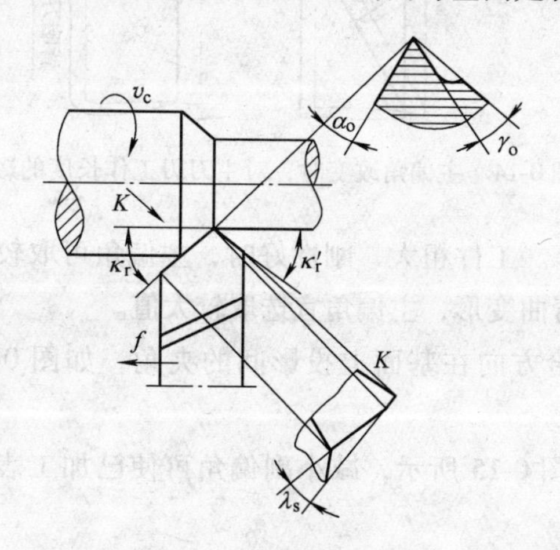

图 0-10　车刀的主要角度

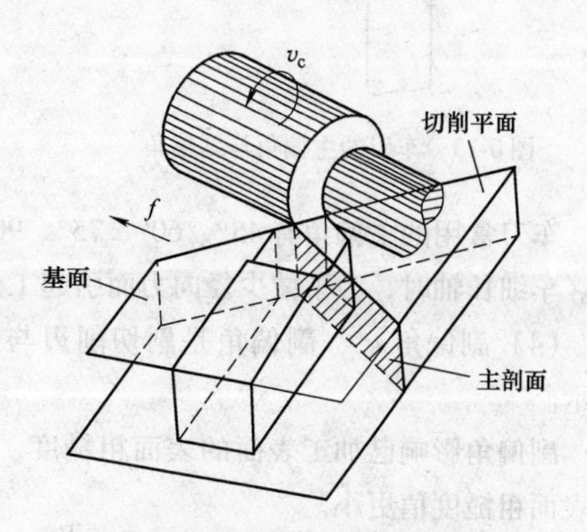

图 0-11　确定车刀角度的辅助假想平面

(1) 前角 γ_o 前角是前刀面与基面之间的夹角，它表示前刀面的倾斜程度。前角可为正值、负值或零。前刀面在基面之下则前角为正值，反之为负值，相重合为零。一般所说的前角是指正前角而言。图 0-12 为前角与后角的剖视图。

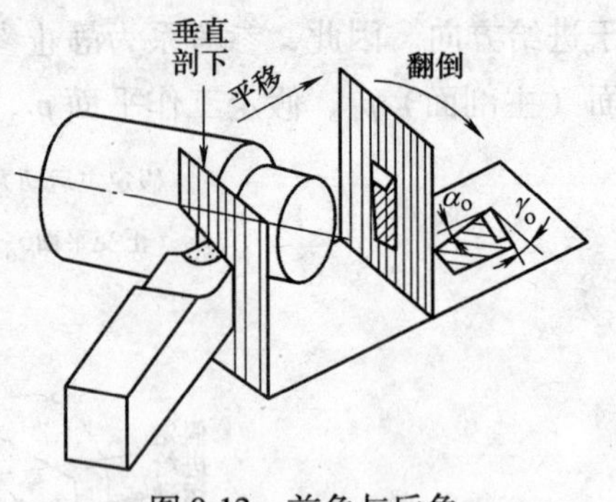

图 0-12 前角与后角

增大前角，可使切削刃锋利、切削力降低、切削温度低、刀具磨损小、表面加工质量高。但过大的前角会使刃口强度降低，容易造成刃口损坏。

使用硬质合金车刀加工钢件（塑性材料等）时，前角一般选取 10°~20°；加工灰铸铁（脆性材料等）时，前角一般选取 5°~15°。精加工时，可取较大的前角，粗加工应取较小的前角。工件材料的强度和硬度大时，前角取较小值，有时甚至取负值。

(2) 后角 α_o 后角是主后刀面与切削平面之间的夹角，它表示主后刀面的倾斜程度。

减少主后刀面与工件之间的摩擦，并影响刃口的强度和锋利程度。后角一般可取 6°~8°。

(3) 主偏角 κ_r 主偏角是主切削刃与进给方向在基面上投影间的夹角，如图 0-13 所示。

主偏角影响切削刃的工作长度（图 0-14）、切削力、刀尖强度和散热条件。主偏角越小，则切削刃工作长度越长，散热条件越好，但切削力越大。

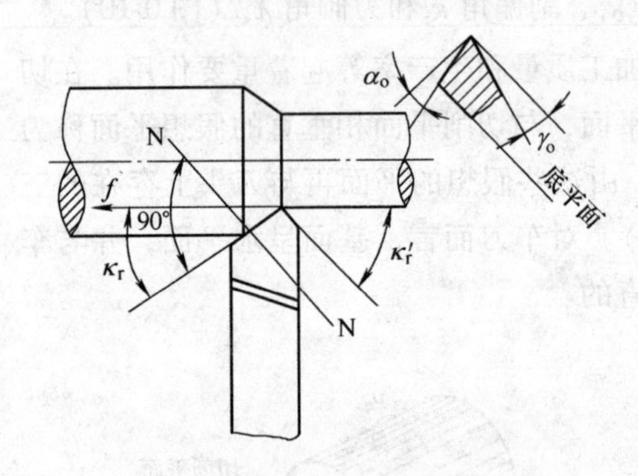

图 0-13 车刀的主偏角与副偏角

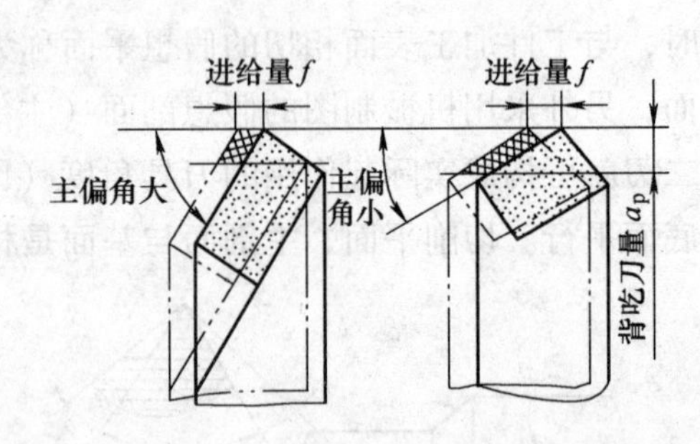

图 0-14 主偏角改变时，对主刀刃工作长度的影响

车刀常用的主偏角有 45°、60°、75°、90°等。工件粗大、刚性好时，主偏角可取较小值。车细长轴时，为了减少径向力而引起工件弯曲变形，主偏角宜选取较大值。

(4) 副偏角 κ_r' 副偏角是副切削刃与进给方向在基面上投影间的夹角，如图 0-13 所示。

副偏角影响已加工表面的表面粗糙度，如图 0-15 所示，减小副偏角可使已加工表面的表面粗糙度值更小。

副偏角一般选取 5°~15°，精车时可取 5°~10°，粗车时取 10°~15°。

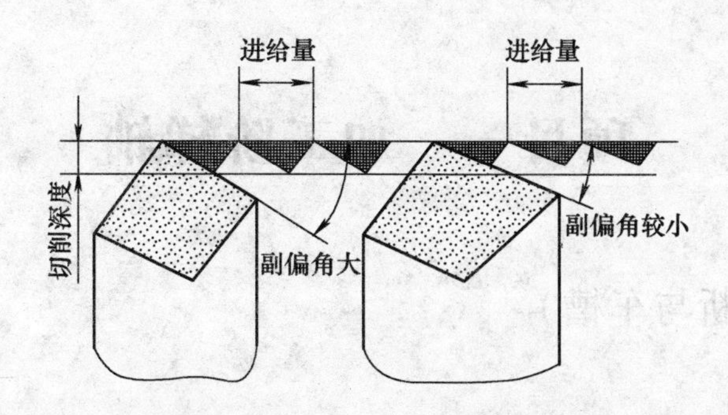

图 0-15　副偏角对表面粗糙度的影响

（5）刃倾角 λ_s　刃倾角是主切削刃与基面间的夹角，刀尖为切削刃最高点时为正值，反之则为负值。

刃倾角主要影响主切削刃的强度并控制切屑流出的方向。以刀杆底面为基准，当刀尖为主切削刃最高点时，刃倾角为正值，切屑流向待加工表面，如图 0-16a 所示；当主切削刃与刀杆底面平行时，刃倾角为 0，切屑沿着垂直于主切削刃的方向流出，如图 0-16b 所示；当刀尖为主切削刃最低点时，刃倾角为负值，切屑流向已加工表面，如图 0-16c 所示。

刃倾角一般在 0° ~ ±5°之间选择。粗加工时，常取负值，这样做尽管切屑流向已加工表面，但可保证主切削刃的强度。精加工常取正值，使切屑流向待加工表面，从而不会划伤已加工表面。

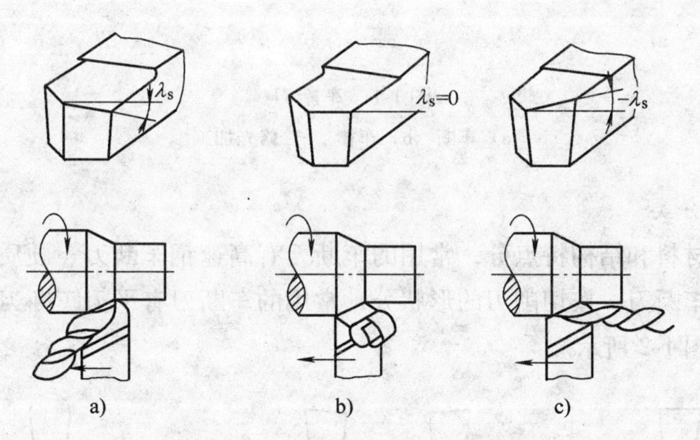

图 0-16　刃倾角对切屑流向的影响

a）刃倾角为正值　b）刃倾角为 0　c）刃倾角为负值

项目一　加工阶梯轴

1.1　下料（车断与车槽）

学习任务

1. 认识、了解车断刀（车槽刀）。
2. 掌握车断刀（车槽刀）的基本刃磨方法。
3. 进行原材料的下料，为后期工件加工做准备。

1.1.1　车断

车断刀如图 1-1 所示，用于零件的车断或车槽，必要时还可以当做外圆修光刀使用。

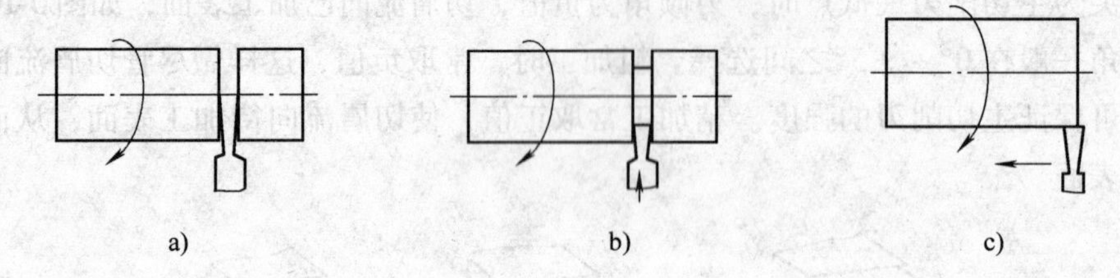

图 1-1　车断刀

a）车断　b）车槽　c）修光加工

1. 车断刀的分类

按照刀具的材料和结构特点分，常用的车断刀有高速钢车断刀、硬质合金车断刀、弹性车断刀和反向车断刀；按切削刃的形状分，常用的车断刀有平刃车断刀、斜刃车断刀和圆头车断刀，如图 1-2 所示。

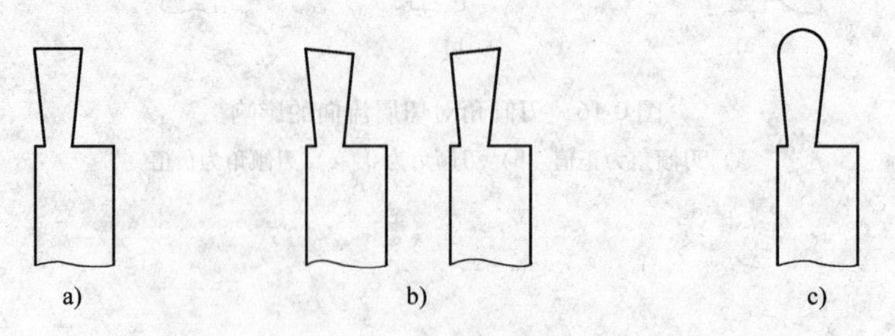

图 1-2　按切削刃的形状分类

a）平刃车断刀　b）斜刃车断刀　c）圆头车断刀

一般高速钢车断刀的几何参数如图 1-3 所示，前角 $\gamma_o = 0° \sim 30°$，主后角 $\alpha_o = 6° \sim 8°$，副后角 $\alpha'_o = 1° \sim 2°$，主偏角 $\kappa_r = 90°$，副偏角 $\kappa'_r = 1° \sim 1°30'$，主切削刃宽度 $a \approx$

0.5 ~0.6mm。

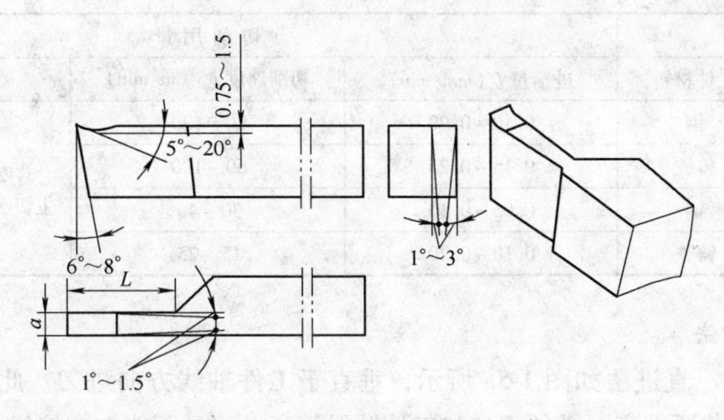

图 1-3 高速钢车断刀

2. 车断刀的刃磨

手工刃磨车断刀与刃磨外圆车刀步骤基本一致。

刃磨左侧副后刀面时，两手握刀，车断刀前刀面向上，同时刃磨出车断刀左侧副后角和副偏角。刃磨右侧副后刀面时，两手握刀，车断刀前刀面向上，如图 1-4a 所示，同时刃磨出车断刀右侧副后角和副偏角。

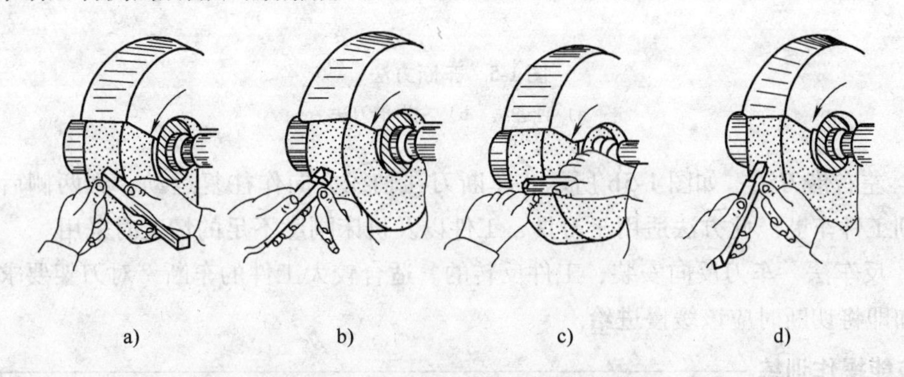

图 1-4 刃磨车断刀的一般步骤

a）磨副后刀面 b）磨主后刀面 c）磨前刀面 d）磨刀尖圆弧

刃磨主后刀面时，两手握刀，如图 1-4b 所示，同时刃磨出车断刀主后角。

刃磨前刀面时，两手握刀，同时刃磨出车断刀前角，如图 1-4c 所示。修磨刀尖时，两手握刀，如图 1-4d 所示，分别在刀尖处刃磨直线型或圆弧形过渡刃。

初始练习刃磨可选用与车刀形状尺寸相似的普通钢板或铁板，在两端分别作刃磨练习。先进行外形的加工再逐步加工角度值。当达到一定熟练程度后可选用高速钢刀具刃磨，并可在工件上试车。根据车断工件直径对主切削刃宽度及刀头长度加以确定并试车断。

3. 车槽和车断的切削用量

车槽和车断时的切削用量，见表 1-1。

表 1-1 车槽和车断时的切削用量

材料		切削用量		
刀具材料	工件材料	进给量 f/(mm/min)	切削速度 v_c/(m/min)	背吃刀量 a_p
硬质合金	钢	0.10～0.20	80～120	背吃刀量等于车断刀的主切削刃宽度
	铸铁	0.15～0.25	60～100	
高速钢	钢	0.05～0.10	30～40	
	铸铁	0.10～0.20	15～25	

4. 车断的方法

（1）直进法　直进法如图 1-5a 所示，垂直于工件轴线方向进刀。此方法操作简单，效率高。刀具安装要求高，必须刀尖与工件轴线等高，刀具不能左右偏斜。

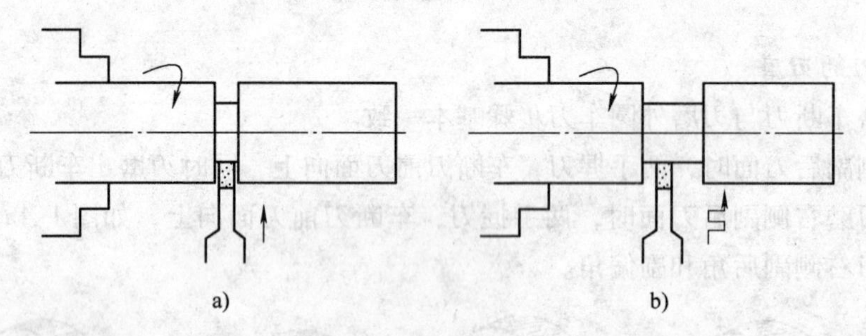

图 1-5　车断方法
a）直进法　b）左右借刀法

（2）左右借刀法　如图 1-5b 所示，车断刀在轴线方向作往复运动，到两侧后径向进给，直到工件车断。此方法适用于刀具、工件以及机床刚度不足的情况时采用。

（3）反车法　车刀反向安装，工件反转的。适合较大工件的车断，对刀架要求高。进给初期和即将切断时应该缓慢进给。

技能操作训练

如图 1-6 所示进行下料操作。

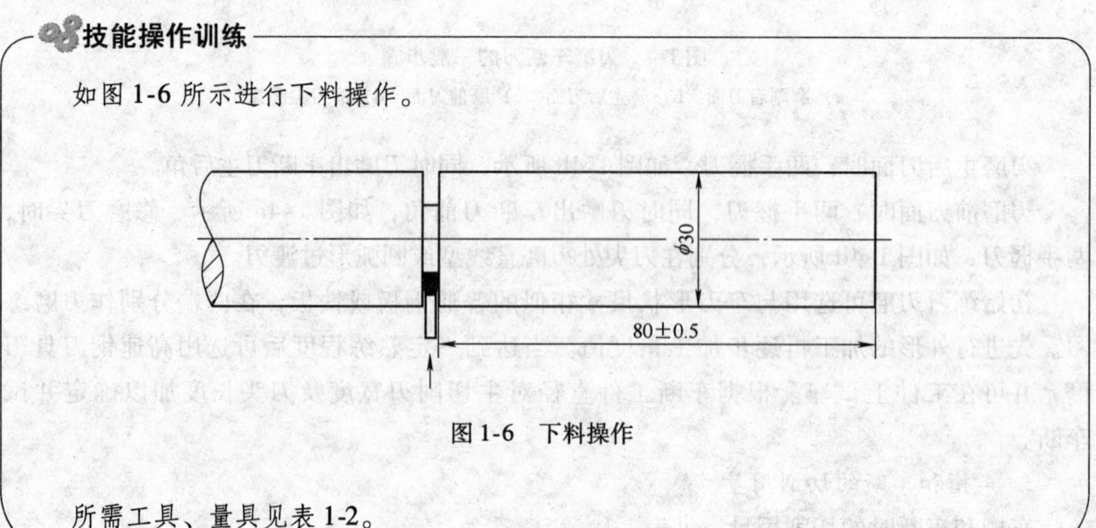

图 1-6　下料操作

所需工具、量具见表 1-2。

表 1-2　工具、量具

名　称	规　格	数　目	要　求
车断刀	高速钢和硬质合金	各 1 把	磨制完成（刀宽自选）
砂轮	根据条件配置	1 把	根据车刀选择砂轮片
角度检测板		1 副	购置或钳工制作
金属直尺	150mm	1 把	精度符合要求
游标卡尺	0.02mm	1 把	

思考：引起车槽刀折断的原因可能是下面的哪种？并分析如何处理？

1）刀具角度刃磨错误。

2）车刀未对准工件中心。

3）主轴转速过高或进给速度过快。

4）进刀速度不均匀。

5. 车槽的方法

（1）精度要求不高的窄槽加工　如图 1-7 所示，用刀宽等于槽宽的车断刀，采用直进法一次车出。用金属直尺测量槽宽和槽深。

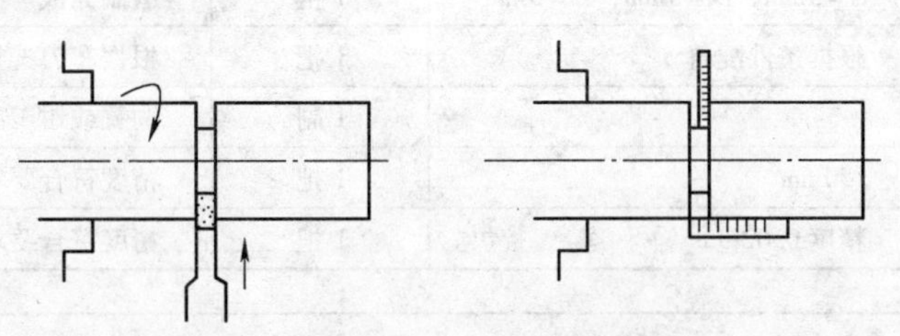

图 1-7　精度要求不高的窄槽加工

（2）精度要求高的窄槽加工　如图 1-8 所示，一般采用二次进给完成，第一次进给时留出精加工余量，第二次用等宽的车槽刀修整。也可以用原来的到根据槽宽和槽深进行修整。通常用卡尺和千分尺来检测。

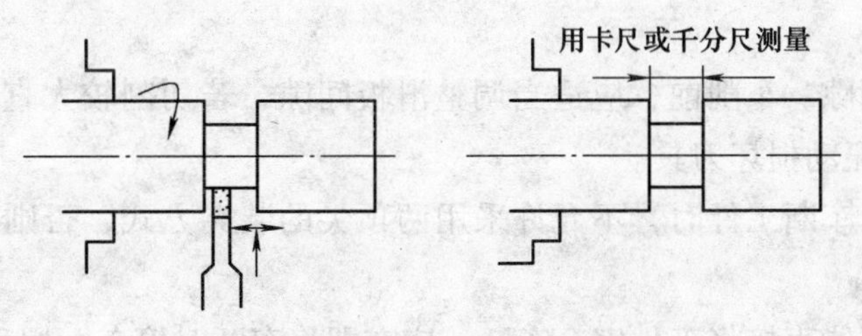

图 1-8　精度要求高的窄槽加工

（3）车宽槽　车削矩形宽槽，可以采用多次直接进刀的方法加工，先在槽壁留出精加工余量，然后根据槽宽和槽深精车至尺寸要求。

（4）车梯形槽　小梯形槽可以用成形刀一次车削完成。大梯形槽可以先车直槽，然后用梯形车刀采用直进或左右借刀法车削完成。

技能操作训练

如图1-9所示，加工轴上的4个槽（未注明的尺寸可任意加工）。

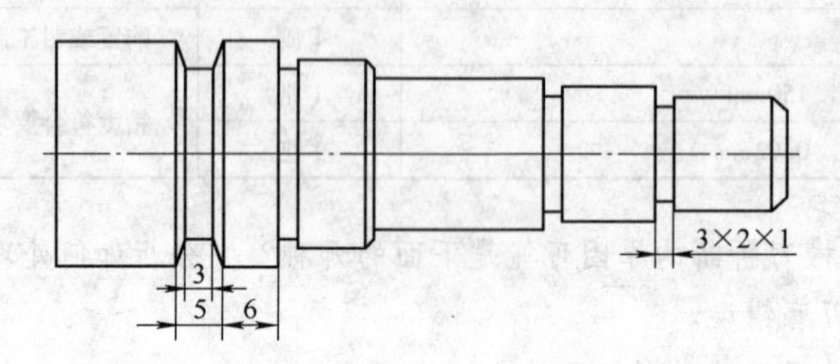

图1-9　加工轴上的4个槽

所需工具、量具见表1-3。

表1-3　工具、量具

名　称	规　格	数　目	要　求
车槽刀	刀宽2mm	1把	磨制完成
梯形车槽刀	$d=3$mm，$D=5$mm，$H=3$mm	1把	磨制完成
砂轮机	根据条件配置	1把	根据车刀选择砂轮片
角度检测样板		1副	购置或钳工制作
金属直尺	150mm	1把	精度符合要求
游标卡尺	精度0.02mm	1把	精度符合要求

1.1.2　操作注意事项

1）车断毛坯表面工件。应该先用外圆车刀将工件切割处外圆车圆，防止因冲击损坏刀具。

2）手动进给切削。手动进给切削时进给要连续均匀，以免因为进给过程中停顿造成刀具与工件的摩擦，从而加剧刀具磨损和加工表面粗糙程度。如果中途需要停止，应该先退出刀具再停车。

3）调整滑板间隙。车削前，应适当调整滑板间隙，若切割较大直径的工件时，最好固定床鞍，防止因振动损坏刀具。

4）防止事故。车断工件时，不允许采用两顶尖的装夹方式，否则工件在切断时容易飞出，造成事故。

5）车断时，不能直接将工件完全车断，应在即将车断时停车，用手或工具将其折断。必要时可以卸下折断。车断位置尽量离卡盘近点。

6）一个工件上如果有多个槽时，应优先选用从右至左的加工顺序。

1.2 车削外圆、端面

学习任务

1. 能够正确选择切削用量。

2. 熟悉车床的基本操作，熟练掌握通过手柄控制刀具运行的操作方法。

1.2.1 装夹毛坯

毛坯在自定心卡盘上的装夹如图1-10所示。找正时可采用铜棒敲击或转动工件再装夹，尽量减小毛坯在转动过程中的偏心和跳动。

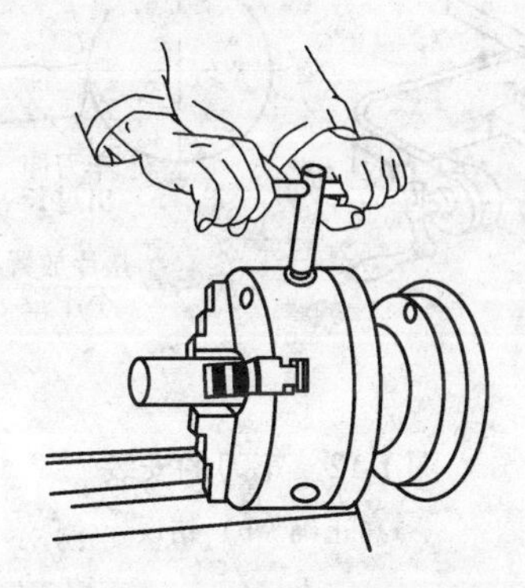

图1-10 夹紧工件的操作姿势

1.2.2 安装车刀

车刀装夹在刀架上的伸出部分应尽量短，伸出长度为刀柄厚度的1～1.5倍。装刀时一般先用目测法，大致调整至中心后，再利用尾座顶尖高度或用测量刀尖高度的方法将车刀装至中心。具体的操作方法如下：

1. 目测法

移动床鞍和中滑板，使刀尖靠近工件，目测刀尖与工件中心的高度差，选用相应厚度的垫片垫在刀柄下面。注意，选用的垫片必须平整，数量尽可能少，垫片安放时要与刀架面齐平。

2. 顶尖对中心法（图1-11）

使车刀刀尖靠近尾座顶尖中心，根据刀尖与顶尖中心的高度差调整刀尖高度，刀尖应略高于顶尖中心0.2～0.3mm。当螺钉紧固时，车刀会被压低，这样刀尖的高度就基本与顶尖的高度一致。

图1-11 顶尖对中心法

3. 金属直尺测量法

用金属直尺将正确的刀尖高度量出，并记下读数，以后装刀时就以此读数来测量刀尖高度进行装刀。

4. 游标卡尺测量

将刀尖高度正确的车刀连垫片一起卸下，用游标卡尺量出高度尺寸，记下读数，以后装刀时只要测量车刀刀尖至垫片的高度。

车刀不能伸出太长。刀伸得太长，切削起来容易发生振动，使车出来的工件表面粗糙，甚至会把车刀折断。但也不宜伸出太短，太短会使车削不方便，容易发生刀架与卡盘碰撞。一般伸出长度不超过刀杆高度的一倍半，如图 1-12 所示。所以，安装时应注意以下几点：

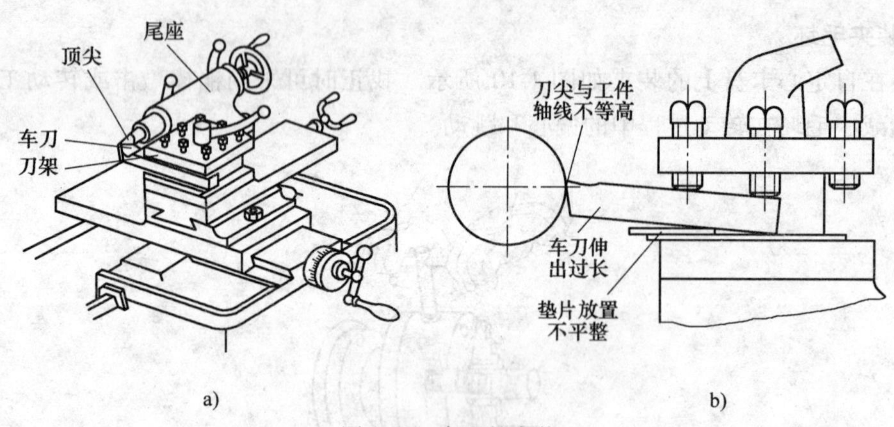

图 1-12 车刀的安装
a）正确 b）错误

1）每把车刀安装在刀架上时，不可能刚好对准工件轴线，一般会低，因此可用一些厚薄不同的垫片来调整车刀的高低。垫片必须平整，其宽度应与刀杆一样，长度应与刀杆被夹持部分一样，同时应尽可能用少数垫片来代替多数薄垫片的使用，将刀的高低位置调整合适，垫片用得过多会造成车刀在车削时接触刚度变差而影响加工质量。

2）车刀刀杆应与车床主轴轴线垂直。车刀位置装正后，应交替拧紧刀架螺栓。

3）刀架扳手不允许加套管，以防损坏螺钉。

1.2.3 车外圆

1. 划线

根据图样检查工件的加工余量，大致确定纵向进给的次数。以直径为 ϕ30mm 的毛坯为例，可选择切削深度 1mm（背吃刀量 0.5mm)，一次完成。其车削长度可通过划线确定，如图 1-13 所示。

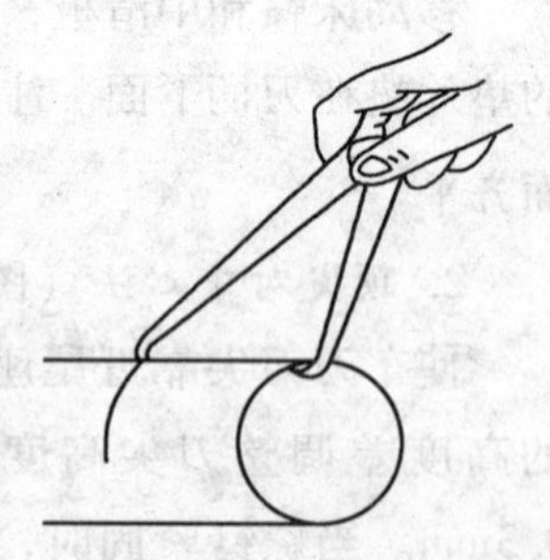

图 1-13 划线痕

方法一：先在工件上用粉笔涂色，用内卡钳在金属直尺上量取尺寸后，在工件上划出加工线。

方法二：用金属直尺测量后，确定刀尖的纵向移动终点，摇动中手轮使车刀刀尖轻触转动工件产生划痕。

2. 对刀

起动车床使工件旋转。左手摇动大手轮，右手摇动中手轮，使车刀刀尖靠近并轻轻地接触工件待加工表面后，调整中手轮刻度盘以此确定背吃刀量的零点位置，如图 1-14a 所示。顺时针摇动大手轮使车刀向右离开工件 3 ~5mm，如图 1-14b 所示。

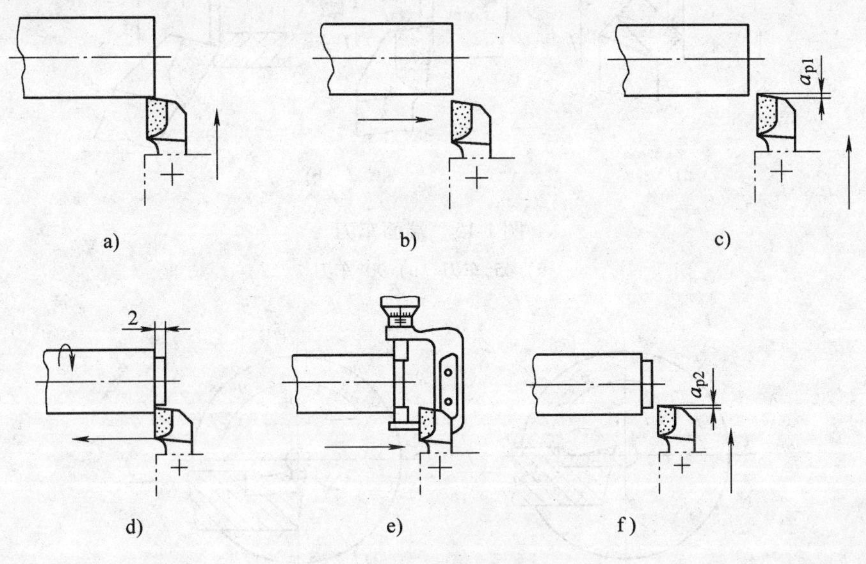

图 1-14　车外圆的步骤

3. 进给

顺时针摇动中手轮，使车刀横向进给量为背吃刀量。以毛坯为例，背吃刀量约 0.5mm，中手轮刻度盘上每转过一格，车刀横向移动 0.05mm，那本次需要使中手轮转动 10 格，如图 1-14c 所示。

4. 试切削

车刀进给作纵向移动 2 ~5mm（保证可用游标卡尺测量），纵向快退，停车测量。如果尺寸符合要求，可继续切削；如果尺寸还大，可加大背吃刀量；如果尺寸过小，则应减小背吃刀量，如图 1-14d、e、f 所示。

5. 正式切削

试切削后测量符合要求或调整好以后便可以正常切削。正常切削时的纵向进给可选手动或自动，车到所需部位时以先横向后纵向的原则退刀，防止退刀时划伤已加工表面。

1.2.4　车端面

1. 安全检查

起动机床前用手转动卡盘一周，检查有无碰撞处。

2. 选用和装夹端面车刀

常用端面车刀有 45°车刀和 90°车刀，如图 1-15 所示。用 45°车刀车端面，刀尖强度较好，车刀不容易损坏。用 90°车刀车端面时，由于刀尖强度较差，常用于精车端面。车端面时要求车刀刀尖严格对准工件中心，高于或低于工件中心都会使端面中心处留有凸台，并损坏车力刀尖，如图 1-16 所示。

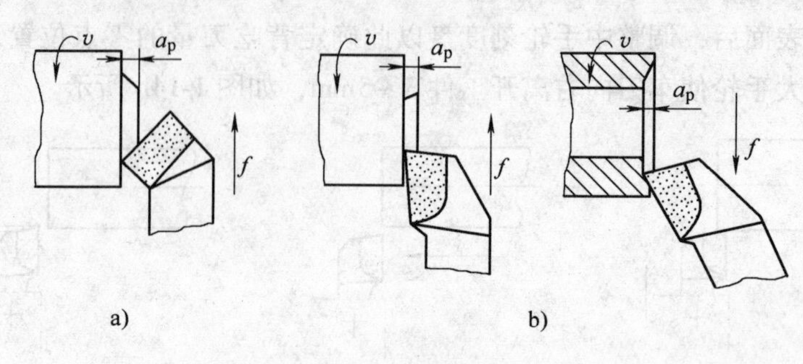

图 1-15 端面车刀

a）45°车刀 b）90°车刀

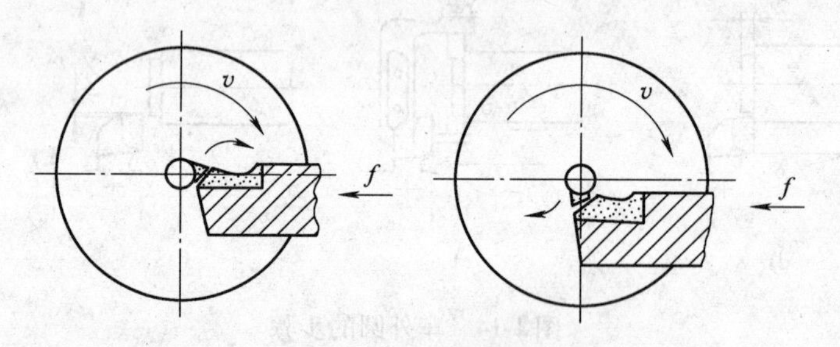

图 1-16 车刀刀尖不对准工件中心使刀尖崩碎

3. 车端面的操作步骤

1）移动床鞍和中滑板，使车刀靠近工件端面后，将床鞍上螺钉扳紧，使床鞍位置使床鞍位置固定，如图 1-17 所示。

2）测量毛坯长度，确定端面应车去的余量。一般先车的一面尽可能少车，其余余量在另一面车去。车端面前可先倒角。如铸件表面有一层硬皮，先倒角（图 1-18）可以防止刀尖损坏。注意车端面和外圆时，第一刀的背吃刀量一定要超过硬皮层的厚度，否则即使已倒角，但车削时刀尖还是要碰到硬皮层，很快就会磨损。

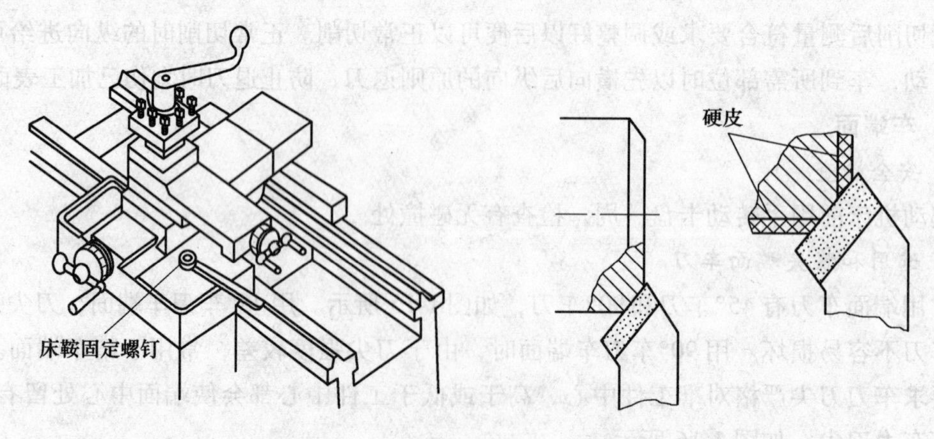

图 1-17 固定床鞍 图 1-18 粗车铸件前先倒角

3）双手摇动中滑板手柄车端面。手动进给速度要保持均匀，当车刀刀尖车到端面中心时，车刀即可横向退回。当精加工的端面，为防止车刀横向退出时将端面拉毛，可向后移动小滑板，使车刀离开端面后再横向退回。车端面时，背吃刀量 a_p 通过小滑板刻度盘来控制。

4）用金属直尺或刀口形直尺检查端面直线度，如发现端面不平，往往由下列原因造成：

① 工件端面有凸台，原因是车刀刀尖未对准工件中心。

② 端面平面度差，凹或凸，原因是用90°车刀由外向里车削，由于背吃刀量过大造成车刀磨损；或者床鞍未固定而移动，小滑板间隙大，刀架或车刀未紧固等原因造成。

4. 工件掉头接刀车外圆

利用卡盘装夹车削等直径轴，在没有装夹余量的情况下，外圆只能采用接刀的方法完成。接刀时为方便找正，一般采用单动卡盘装夹。

（1）用单动卡盘装夹工件　主轴箱变速手柄放在空挡位置。根据工件装夹处的直径尺寸调整卡爪，使其相对两卡爪之间的距离大于工件直径。移动卡爪时要使卡爪都准确地对准卡盘端面的同一标记线圈，以保持与中心等距，装夹时要在工件已加工表面与卡爪间垫铜片，以防夹伤工件表面，如图 1-19 所示。夹持长度要短，一般取 15 ~ 20mm，卡爪不能依次拧紧，应相对两卡爪分别拧紧。为了防止装夹和找正时工件不慎掉下砸坏机床导轨面，可在导轨上放置防护木板。

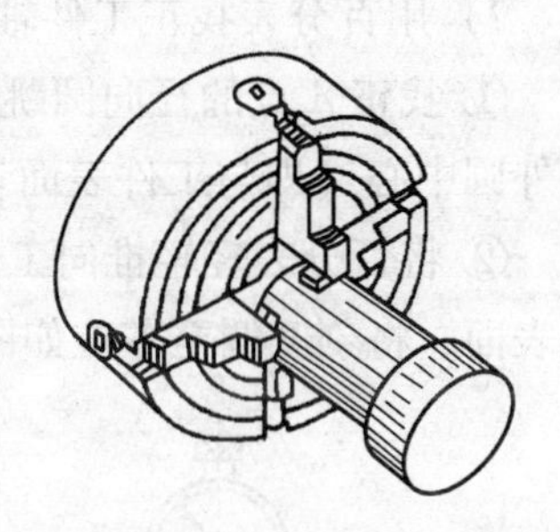

图 1-19　用单动卡盘装夹工件

（2）工件轴线的找正方法　要找正外圆上如图 1-20 所示的 A 和 B 两点，应先找正 A 点外圆。后找正 B 点外圆。找正 A 点外圆应调整卡爪，找正 B 点则用锤子或铜棒轻轻地敲击。一般要经过几次的反复，才能将工件的轴线找正。

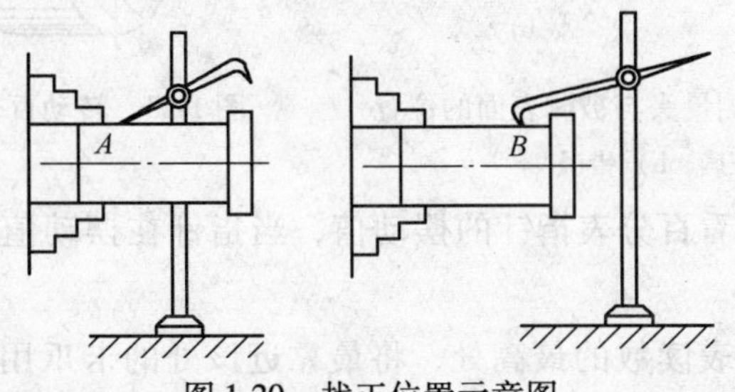

图 1-20　找正位置示意图

接刀车外圆，找正的误差越小，接刀时的偏差也越小，一般先用划线盘进行粗找正，再用百分表进行精确找正。

1）粗找正的方法。将划针尖靠近 A 点外圆表面，用手转动卡盘，观察相对两卡爪上外圆与针尖的间隙大小，如图 1-21a 所示，根据间隙大小调整卡爪，调整量约为间隙差值的一半，如图 1-21b 所示。B 点外圆找正时用铜棒或锤子轻轻敲击，B 点找正后还须再转动卡盘重复检查和找正 A 点。粗找正要求径向圆跳动误差小于 0. 3mm。

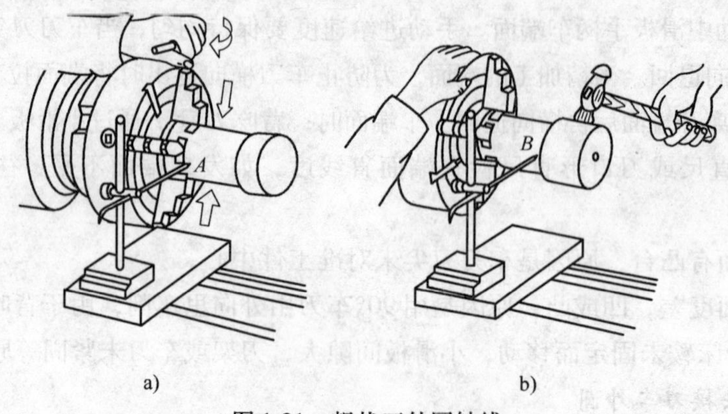

a) b)

图 1-21 粗找正外圆轴线

a）找正 A 点外圆 b）找正 B 点外圆

2）用百分表找正工件轴线的方法。

① 找正 A 点的径向圆跳动。将百分表座安置在 A 点处的机床导轨上，测量头对准工件外圆中心（即与工件表面切线垂直），如图 1-22a 所示。

② 将百分表轻轻推向工件，当测量头与工件外圆接触，指针转动约半圈时，转动分表表面，将刻度调至零位如图 1-23 所示。

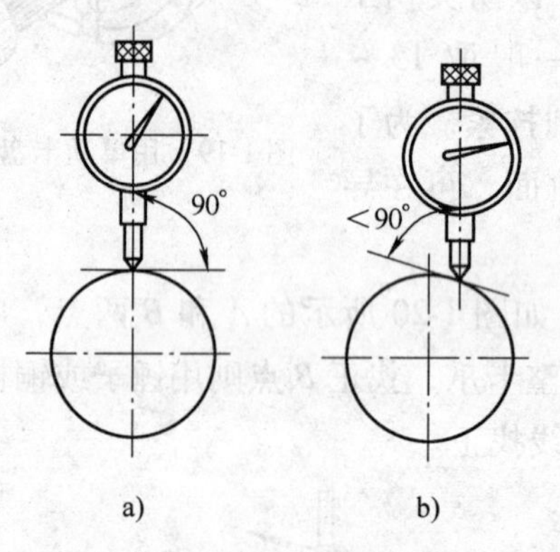

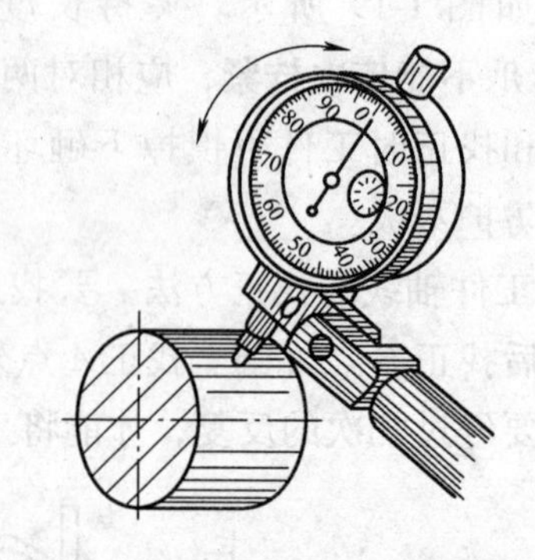

图 1-22 百分表测量头与被测表面的位置

a）正确 b）错误

图 1-23 转动百分表表面调至零位

③ 转动卡盘一周，看百分表指针的摆动值，当指针在摆动值的中间时，转动表面将刻度调至零位。

④ 把卡盘转到百分表读数的最高处，将最靠近该处的卡爪用力拧紧，使工件中心下移直至指针回复到零位时止。

单动卡盘各卡爪一般在找正过程中逐步拧紧，如找正后再拧紧，则容易使已找正的中心产生移动。因此，当偏移量不大时，不要轻易去松开卡爪，应尽量采用拧紧卡爪的方法进行找正。

⑤ 重复转动及调整，直到工件转一转，百分表读数基本一致为止。

⑥ 找正工件轴线必须在 A、B 两点测量圆跳动，如图 1-24 所示。B 点的测量方法与 A 点相同。B 点找正后还应再重复检查 A 点，如果卡爪又做过调整则还须重复检查 B 点，直

至 A、B。两点误差总和在允许范围之内为止。

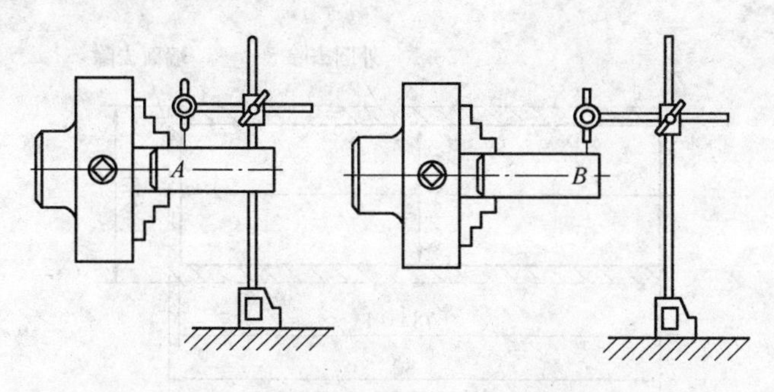

图 1-24 百分表找正工件轴线示意图

3）接刀车外圆的步骤。接刀车外圆要以已加工外圆为基准。两者大小一致，接刀才能达到平整。

① 用外卡钳或千分尺测量已加工外圆的直径尺寸。

② 接刀车外圆时，由于工件的伸出量较长，为防止车削时工件跳动而导致中心移动，一般选取较小的背吃刀量，适当多车几刀，以减小切削力。精车时，为使接刀处外圆与已加工外圆接平，要控制试切直径尺寸。可用外卡钳在已加工外圆上作比较测量，也可用千分尺测量。要求试切尺寸与已加工外圆直径间的差值小于 0.03mm。试切尺寸符合后，就可手动进给精车外圆，当刀尖超出接刀位置时退刀。

接刀车外圆时，如发现外圆接不平，一般有两种情况造成：一种是工件轴线未找正，使接刀外圆与已加工外圆的轴线不重合，造成交接处两外圆偏位；另一种是两端外圆尺寸不一致，过大、过小都会使外圆接不平。

4）截取总长尺寸。

① 用游标卡尺量出长度的实际尺寸，记下应车去的余量。移动床鞍和中滑板，使刀尖与工件端面轻微地接触后，车刀横向退出，小滑板刻度调至零位。

② 用小滑板刻度值控制车端面的背吃刀量 a_p，按长度余量确定粗、精车的背吃刀量，分几刀将长度尺寸车准。

技能操作训练

按图 1-25 所示的加工过程，将棒料车至图 1-26 所示的要求，其工具、量具见表 1-4。

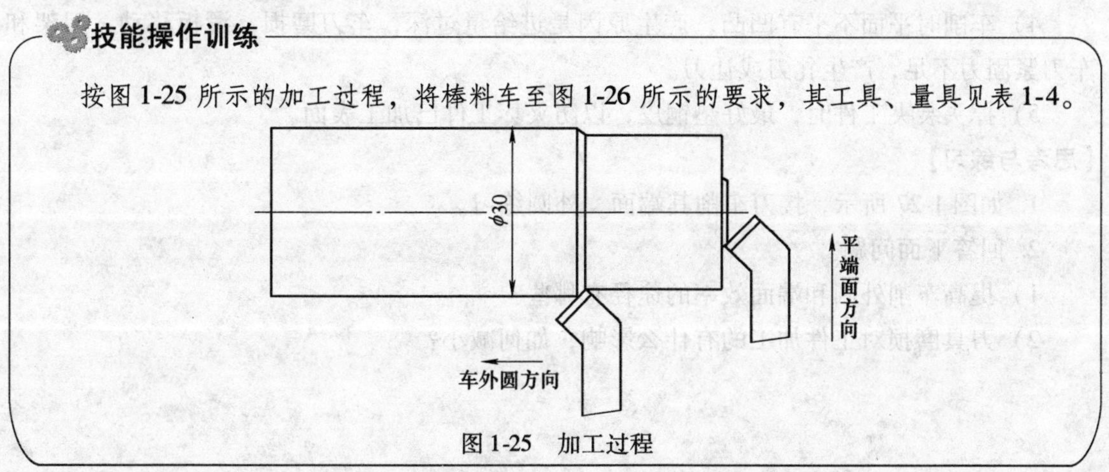

图 1-25 加工过程

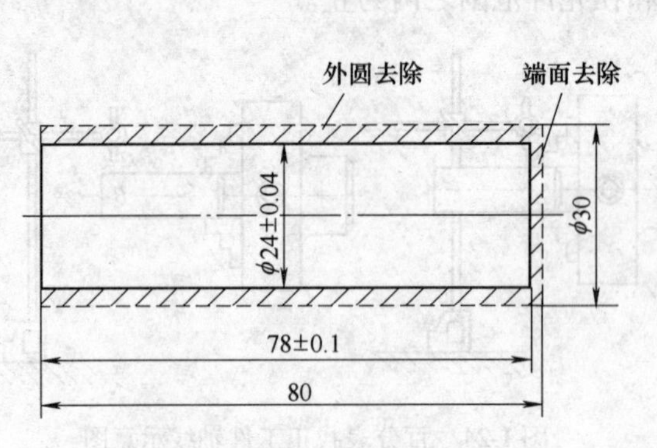

图 1-26 工件要求

表 1-4 工具、量具

名称	规格	数目	要求
90°外圆刀	高速钢或硬质合金	1 把	磨制完成
45°偏刀	高速钢或硬质合金	1 把	磨制完成
顶尖	莫式锥度硬质合金	1 个	与尾座配套
金属直尺	150mm	1 把	
游标卡尺	精度 0.02mm	1 把	精度符合要求
外径千分尺	0 ~ 25mm	1 把	

1.2.5 操作注意事项

1）车削前进行安全检查，应检查滑板位置是否正确，工件装夹是否牢靠，卡盘扳手是否取下等。

2）开始车削毛坯时，由于氧化皮较硬，要求尽可能一刀车掉，否则车刀容易磨损。切削时应先开车，后进刀。切削完毕时先退刀后停车，否则车刀容易损坏。

3）调整转速时一定要先停车，否则易损坏主轴箱内的齿轮。

4）车削时平面不平有凹凸，产生原因是进给量过深，车刀磨损，滑板移动，刀架和车刀紧固力不足，产生扎刀或让刀。

5）掉头装夹工件时，最好垫铜皮，以防夹坏工件已加工表面。

【思考与练习】

1. 如图 1-27 所示，接刀车削其端面、外圆练习。

2. 回答下面问题。

1）提高车削外圆和端面效率的途径有哪些？

2）刀具磨损对工件加工的有什么影响，如何减小？

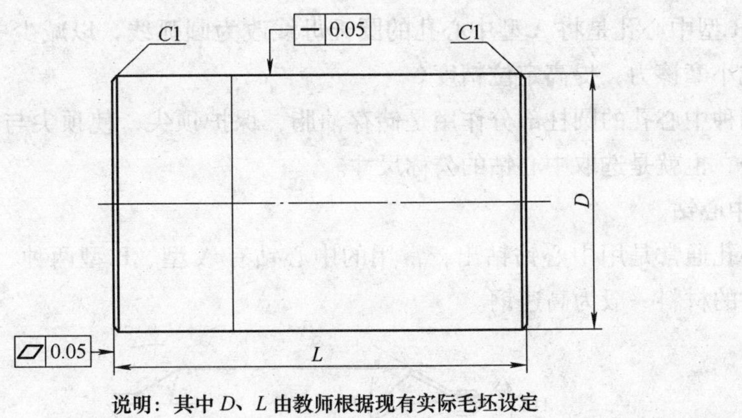

说明：其中 D、L 由教师根据现有实际毛坯设定

图 1-27　车端面、外圆练习

1.3　钻中心孔

学习任务

1. 了解中心孔、中心钻的种类及作用。
2. 了解尾座构造和掌握找正尾座中心的方法。

1.3.1　中心孔

中心孔又称顶尖孔，按形状和作用可分为 A 型、B 型、C 型和 R 型。其中 A 型和 B 型为常用的中心孔，C 型为特殊中心孔，R 型为带圆弧中心孔。

1）A 型中心孔同圆柱部分和圆锥部分组成，圆锥孔为 60°，如图 1-28a 所示，一般适用于不需要多次装夹或不保留中心孔的零件。

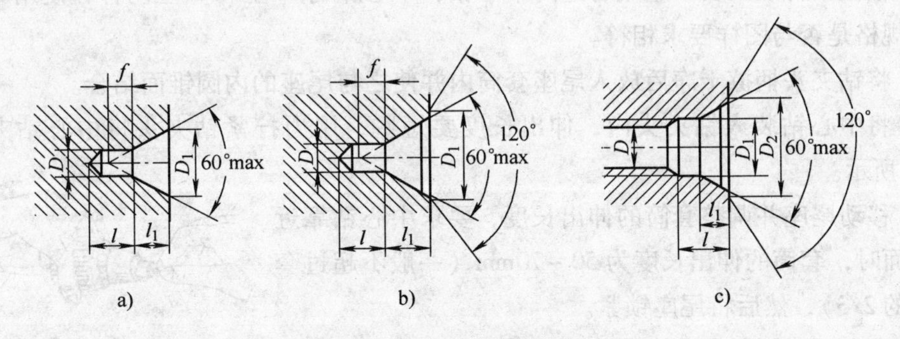

图 1-28　中心孔的表示和标注

a）A 型　b）B 型　c）C 型

2）B 型中心孔如图 1-28b 所示，是在 A 型中心孔的端部多一个 120°的圆锥孔，目的是保护 60°锥孔，不使其敲毛碰伤。

3）C 型中心孔如图 1-28c 所示，外端形似 B 型中心孔，里端有一个比圆柱孔还要小的内螺纹，它且于工件之间的紧固连接。

4）R型中心孔是将A型中心孔的圆锥母线改为圆弧线，以减少中心孔与顶尖的接触面积，减小摩擦力，提高定位精度。

这四种中心孔的圆柱部分作用是储存油脂，保护顶尖，使顶尖与锥孔60°贴切。圆柱部分直径，也就是选取中心钻的公称尺寸。

1.3.2 中心钻

中心孔通常是用中心钻钻出，常用的中心钻有A型、B型两种，如图1-29所示。制造中心钻的材料一般为高速钢。

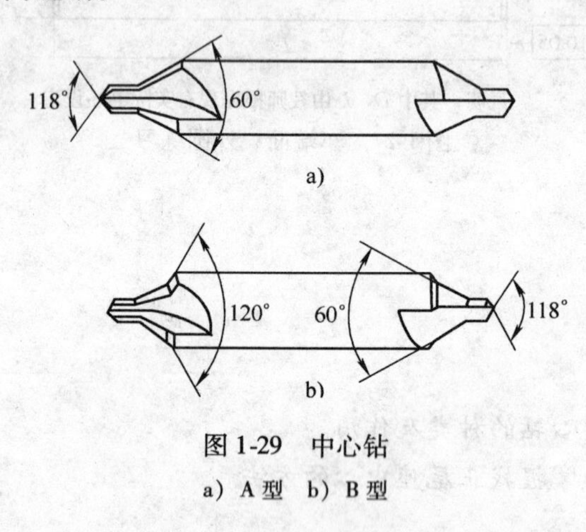

图1-29 中心钻

a）A型 b）B型

1.3.3 钻中心孔的步骤

1. 准备工作

1）在车床上用自定心卡盘装夹工件并找正工件。

2）车削工件的两端面，并车至所要求的工件总长尺寸。

3）根据工件加工要求选用合适的中心钻，中心钻有A型和B型两种，使用时要检查型号和规格是否与图样要求相符。

4）将钻夹头柄擦干净后放入尾座套筒内并使之与尾座的内圆锥面结合。

5）将中心钻装入钻夹头内，伸出长度要短些，用力拧紧钻夹头将中心钻夹紧，如图1-30所示。

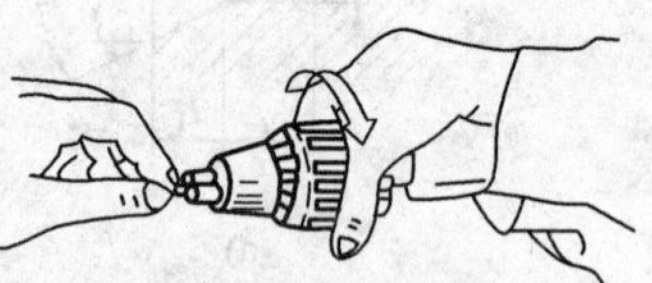

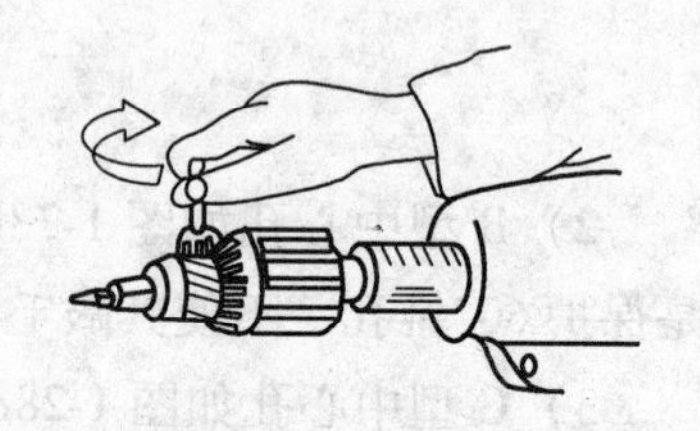

图1-30 装中心钻

6）移动尾座并调整套筒的伸出长度，要求中心钻靠近工件端面时，套筒的伸出长度为50～70mm（一般不超过套筒总长的2/3），然后将尾座锁紧。

7）选择主轴转速，钻中心孔主轴转速要高，$n>$ 1000r/min。

2. 试钻

向前摇动尾座套筒，当中心钻钻入工件端面约0.5mm时退出，目测试钻情况。如图1-31a所示，判断中心钻是否对准工件的旋转中心。

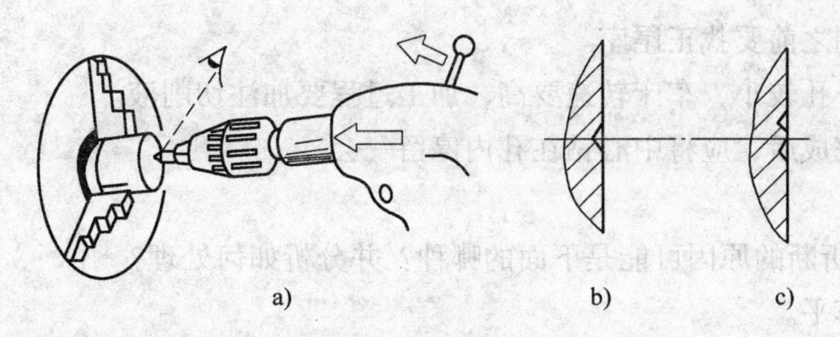

图1-31　试钻中心孔

当中心钻对准工件中心时，钻出的坑呈锥形，如图1-31b所示。若中心偏移，试钻出的坑呈环形，如图1-31c所示。如偏移较少，可能是钻夹头柄弯曲所致，可将尾座套筒后退，松开钻夹头，用手转动钻夹头的圆周位置，进行找正。如转动钻夹头无效，应松开尾座，调整尾座两侧的螺钉，使尾座横向位置移动。当中心找正后，两侧螺钉要同时锁紧。

3. 钻孔

向前移动尾座套筒，当中心钻钻入工件端面时，速度要减慢，并保持均匀。并且要加切削液，中途退出1～2次去除切屑。当中心孔钻到所要求的尺寸时，先停止进给，再停机。

技能操作训练

练习用A、B型中心钻钻图1-32所示中心孔。所需工具、量具见表1-5。

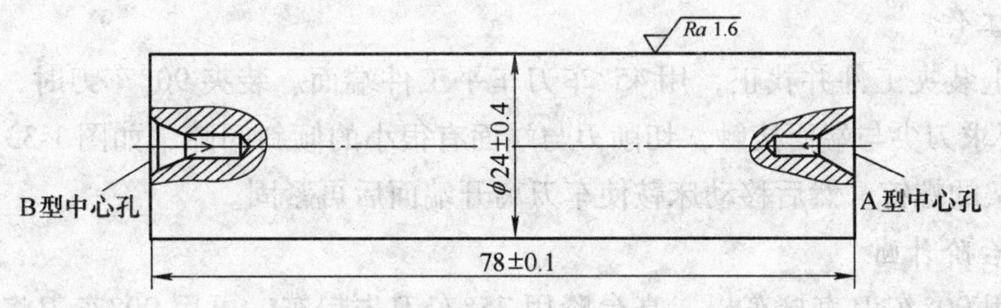

图1-32　中心孔

表1-5　工具、量具

名　称	规　格	数　目	要　求
A型中心钻	$D=4$，$D_1=8.5$，$L=8.9$ 硬质合金	1把	
B型中心钻	$D=2.5$，$D_1=8$，$L=5.5$，$L_1=3.2$ 硬质合金	1把	
钻夹头	莫式锥度硬质合金	1个	与尾座配套
金属直尺	150mm	1把	精度符合要求

1.3.4　操作注意事项

1）在钻夹头上装中心钻时一定要夹紧夹牢，保证同心。

2）在钻中心孔之前，先将工件平端面。

3）正式钻削之前要找正尾座。

4）由于中心孔较小，车床转速要高，加工过程要加注切削液。

5）中心孔完成后，应将中心钻在孔内停留一会。

【思考与练习】

引起中心钻折断的原因可能是下面的哪种？并分析如何处理？

1）端面未车平。

2）中心钻未对准工件中心。

3）主轴转速过低或进给速度过快。

4）中心钻磨损严重或切屑阻塞。

5）移动尾座过猛。

1.4 车台阶

学习任务

1. 掌握台阶轴的加工工艺。

2. 进一步熟练车外圆的方法步骤。

1.4.1 车阶梯轴的一般步骤

1. 准备工作

在卡盘上装夹工件并找正，用45°车刀车平工件端面。装夹90°车刀时，主偏角应略大于90°，要求刀尖与端面接触，切削刃与端面有很小的倾斜间隙，如图1-33所示，用手大致拧紧刀架的螺钉，然后移动床鞍使车刀离开端面后再紧固。

2. 车削台阶外圆

低台阶用90°车刀直接车出。高台阶用75°车刀先粗车，再用90°车刀将台阶车成直角，如图1-34所示。

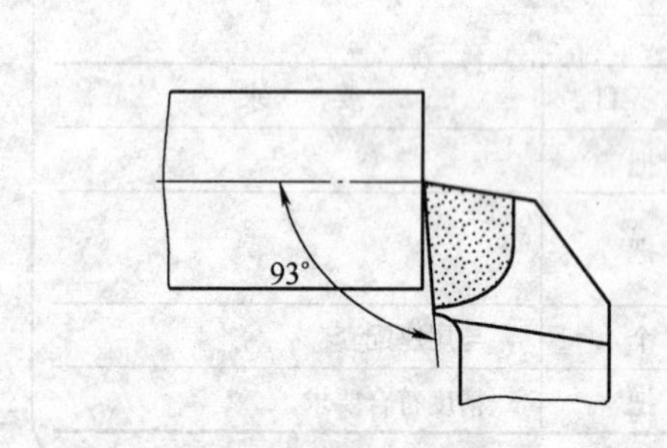

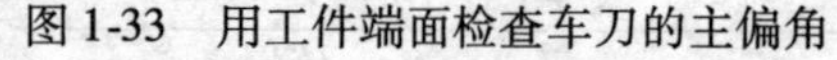

图1-33 用工件端面检查车刀的主偏角

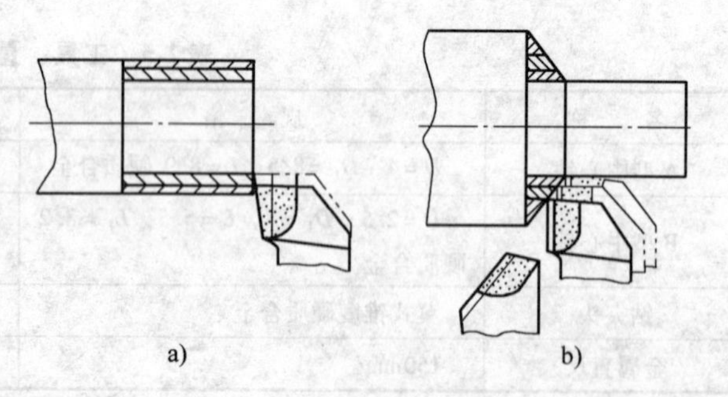

图1-34 车台阶

a）车低台阶 b）车高台阶

（1）确定台阶的车削长度 常用的方法有两种，一种是刻线痕法，另一种是床鞍刻度盘控制法。两种方法都有一定误差，刻线或用床鞍刻度值都应比所需长度短0.5～1mm，以留有余地。

1）刻线痕法。以已加工表面为基准，先用金属直尺量出台阶长度尺寸，然后起动车床，用刀尖刻出线痕，如图 1-35a 所示。

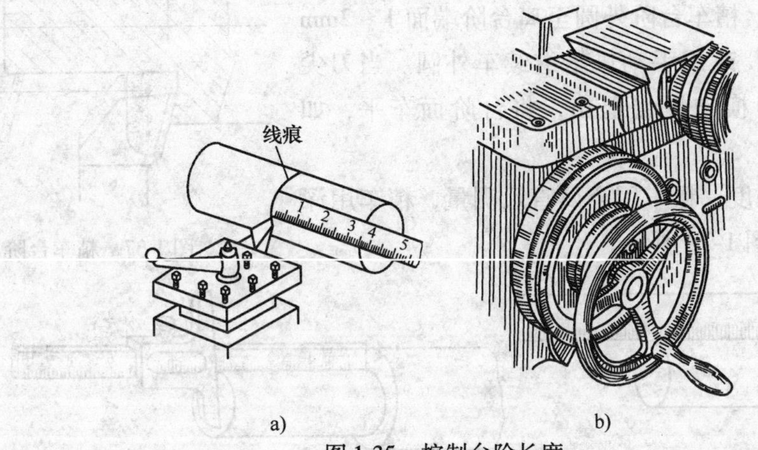

图 1-35　控制台阶长度

a）刻线痕法　b）用床鞍刻度盘控制

2）床鞍刻度盘控制法。如图 1-35b 所示，起动车床，移动床鞍和中滑板，使刀尖靠近工件端面，移动小滑板，使刀尖与工件端面轻轻接触，车刀横向快速退出，将床鞍刻度调到零位。车削时就可利用刻度值来控制台阶的车削长度。如利用刻度值先在工件上刻出台阶长度的线痕，操作时车刀靠近线痕再看刻度值就方便多了。

（2）自动进给粗车台阶外圆

1）起动车床并按粗车要求调整进给量。

2）调整背吃刀量进行试切削，具体方法与车外圆相同。

3）移动床鞍，使刀尖靠近工件时合上自动进给手柄，当车刀刀尖距离退刀位置 1 ~ 2mm 时停止自动进给，改为手动进给车至所需长度时将车刀横向退出，床鞍回到起始位置，如图 1-36 所示。然后作第二次工作行程。台阶外圆和长度粗车各留精车余量 0.5 ~ 1mm。

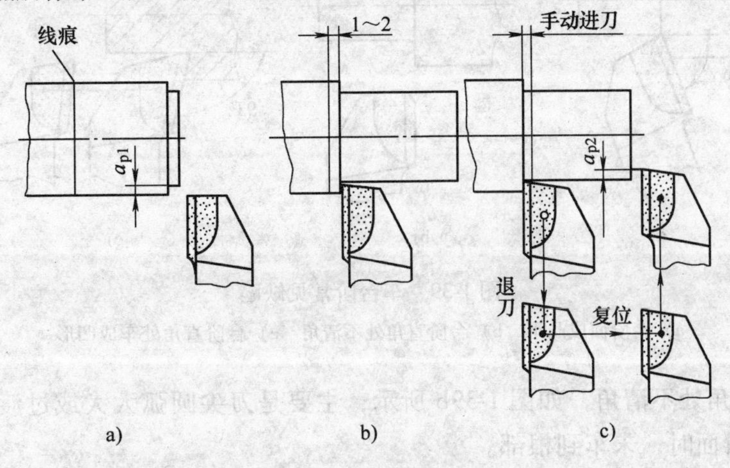

图 1-36　粗车台阶外圆

（3）精车台阶外圆和端面

1）按精车要求调整切削速度和进给量。

2）试切外圆，调整切削速度，尺寸符合图样要求后合上自动进给手柄，精车台阶外圆至离台阶端面 1～2mm 时，停止自动进给，改用手动进给继续车外圆。当刀尖切入台阶面时车刀横向慢慢退出，将台阶面车平，如图 1-37 所示。

图 1-37 精车台阶

3）测量台阶长度。粗车用金属直尺测量，精车用深度游标尺测量，如图 1-38 所示。

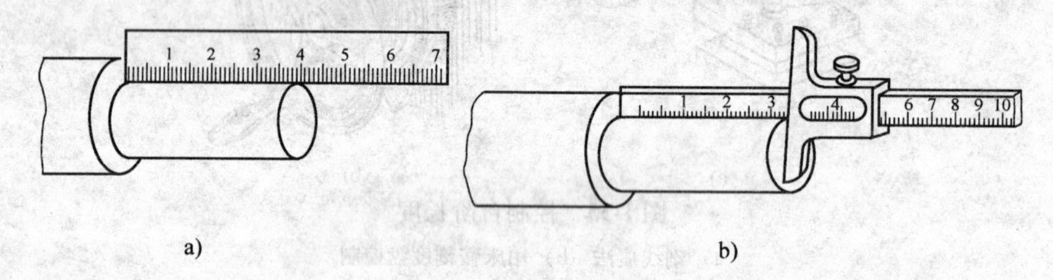

图 1-38 测量台阶长度

a）金属直尺测量 b）深度游标尺测量

4）根据测量结果，用小滑板刻度调整车端面的背吃刀量。

5）开车将车刀由外向里均匀地精车端面，当刀尖车至外圆与端面相交处时，车刀先横向退出 0.5～1mm，然后移动床鞍纵向退出。

6）在外圆上倒角。

（4）车台阶容易产生的缺陷

1）台阶面不平，如图 1-39a 所示，主要原因是车刀安装时主偏角小于 90°。

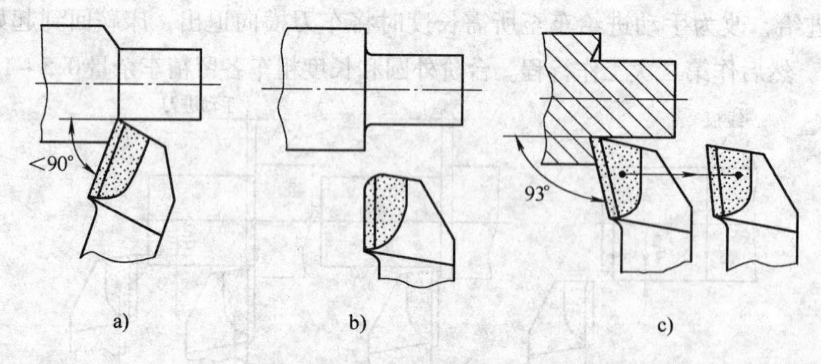

图 1-39 车台阶常见缺陷

a）台阶面成凸形 b）台阶直角处不清角 c）台阶直角处车成凹形

2）台阶直角处不清角，如图 1-39b 所示，主要是刀尖圆弧太大或过渡刀太宽，其次是车外圆和台阶面时，未车到根部。

3）台阶直角处车成凹形如图 1-39c 所示，当用主偏角 93°车刀车削时，中滑板未进行由里向外的横向进给。

技能操作训练

加工图 1-40 所示阶梯轴，所需工具、量具见表 1-6。

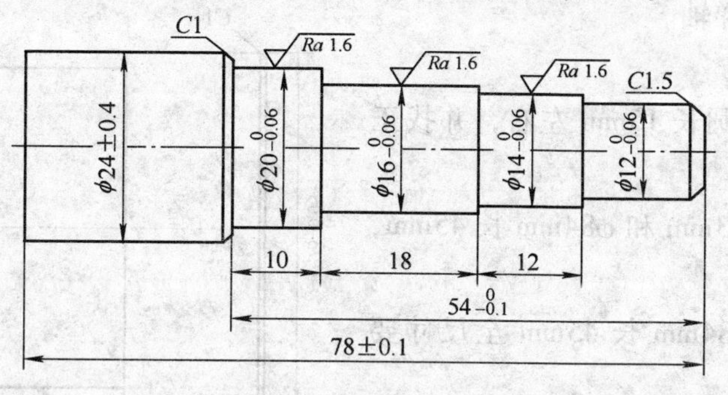

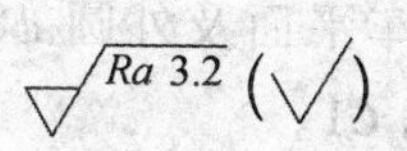

图 1-40 阶梯轴

表 1-6 工具、量具

名称	规格	数目	要求	备注
90°外圆粗车刀	高速钢或硬质合金	1把	磨制完成	
90°外圆精车刀	高速钢或硬质合金	1把	磨制完成	
45°偏刀	高速钢或硬质合金	1把	磨制完成	
金属直尺	150mm	1把	精度符合要求	
游标卡尺	精度 0.02mm	1把	精度符合要求	
外径千分尺	0~25mm	1把	精度符合要求	

参考步骤：

1）在自定心卡盘上装夹工件并找正。

2）安装刀具，刀尖与工件轴线（中心）等高。

3）夹紧左端，右侧伸出长度约65mm。

4）粗车外圆 $\phi20_{-0.04}^{\ 0}$mm 为 ϕ20.5mm，长54mm。

5）粗车外圆 $\phi16_{-0.04}^{\ 0}$mm 为 ϕ16.5mm，长44mm。

6）粗车外圆 $\phi14_{-0.04}^{\ 0}$mm 为 ϕ14.5mm，保证长度36mm。

7）粗车外圆 $\phi12_{-0.04}^{\ 0}$mm 为 ϕ12.5mm。

8）分别精车外圆 $\phi20_{-0.04}^{\ 0}$mm、外圆 $\phi16_{-0.04}^{\ 0}$mm、外圆 $\phi14_{-0.04}^{\ 0}$mm、外圆 $\phi12_{-0.04}^{\ 0}$mm。

9）倒角。

10）检查合格后取下工件。

1.4.2 操作注意事项

1）去除硬皮后的加工应采取先端面后台阶后倒角的顺序。

2）车台阶时首要原则是先大后小，满足工艺要求。

3）粗加工时要保持宁大勿小的原则，选择合适的加工余量，以防止出现废品。

【思考与练习】

1. 车削图 1-41 所示阶梯轴。

参考步骤：

1）用单动卡盘夹住外圆长 15mm 左右，并找正夹紧。

2）粗车平面及外圆 ϕ93mm 和 ϕ84mm 长 45mm，留精车余量。

3）精车平面及外圆 ϕ84mm 长 45mm 至尺寸要求，并倒角 $C1$。

4）掉头垫铜皮夹住 ϕ84mm 外圆，找正近卡爪处外圆和台阶平面，粗、精车平面及外圆 $\phi 93_{-0.1}^{0}$ mm 至尺寸要求，并控制平行度，使总长达到要求。

5）倒角 $C1$。

6）检查质量合格后取下工件。

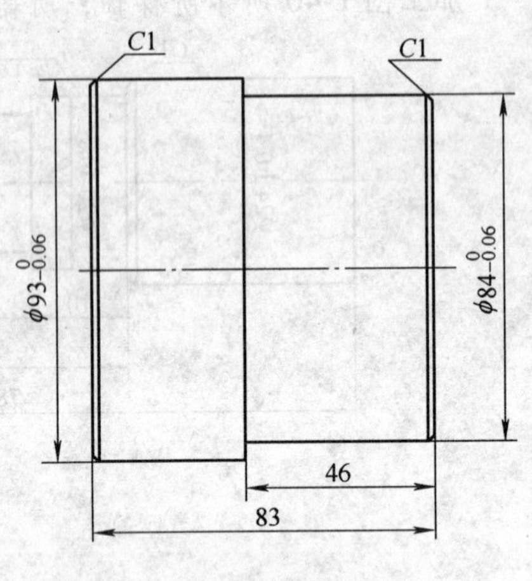

图 1-41 阶梯轴（一）

2. 车削图 1-42 所示阶梯轴。

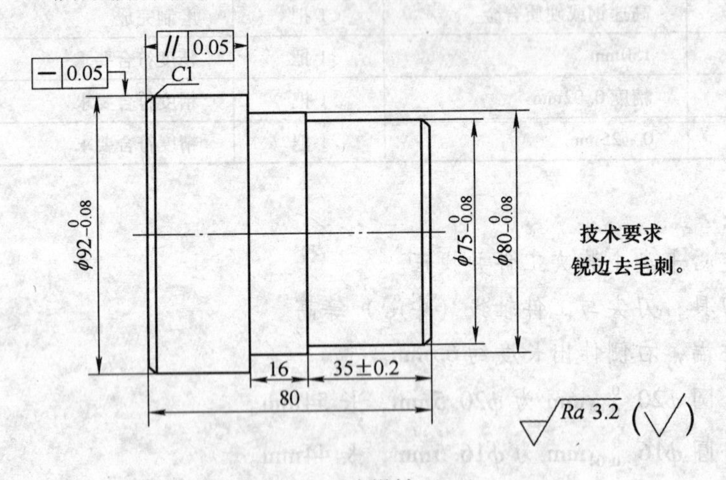

图 1-42 阶梯轴（二）

参考步骤：

1）用单动卡盘夹住外圆长 15mm 左右，并找正夹紧。

2）粗车平面及外圆 ϕ75mm 长 35mm、ϕ80mm 长 16mm 和 ϕ92mm 外圆。

3）精车平面及外圆 ϕ75mm 长 35mm，ϕ80mm 长 16mm 至尺寸要求，并倒角 $C1$。

4）掉头垫铜皮夹住 ϕ75mm 外圆，找正近卡爪处外圆和台阶反平面，粗、精车平面及外圆 $\phi 92_{-0.08}^{0}$ mm 至尺寸要求，并控制平行度，使总长达到要求。

5）倒角 $C1$。

6）检查质量合格后取下工件。

【知识拓展】 切削用量的选择

正确地选择切削用量，对提高切削效率，保证刀具必要的使用寿命和经济性，保证加工质量，都具有重要意义。所谓选择切削用量，就是在已经选择好刀具材料和几何参数的基础上，选择背吃刀量、进给量和切削速度，以充分发挥机床和刀具的效能。在这三个切削用量中，以切削速度对刀具使用寿命的影响最大，进给量次之，背吃刀量的影响最小，所以，选择切削用量的次序应当是选取大的背吃刀量，再取大的进给量，最后尽量取大的切削速度。

1. 背吃刀量的选择

粗加工时，因对工件的表面粗糙度和精度要求不高，在机床动力、工件和机床刚性许可的情况下，应尽可能取较大的背吃刀量（车削时一般取 2 ~ 6mm），以求尽快地切去多余的金属层。精加工时，背吃刀量应小一些（车削精加工一般选 0.1 ~ 0.5mm），这样可使切屑容易变形，减小切削力，有利于降低工件的表面粗糙度值，提高其尺寸精度。

2. 进给量的选择

粗加工时，进给量也应尽可能选大些，但要根据加工材料的性质、断屑条件、机床、刀具及工件刚性等具体情况来确定（车削一般取 0.3 ~ 1.5mm/r）。精加工时，为保证工件的表面粗糙度，进给量应适当取小一些（车削一般取 0.08 ~ 0.3mm/r）。

3. 切削速度的选择

当背吃刀量和进给量选好以后，为了充分发挥刀具的切削能力和机床的潜力，保证加工表面质量和提高生产率，切削速度应尽量取大些。但是，切削速度不是越大越好，必须根据刀具材料及其几何形状、工作材料、切削液的使用情况、工件表面粗糙度的要求、背吃刀量和进给量，机床动力和刚性等因素来决定。例如，与高速钢刀具相比，硬质合金刀具的切削速度可以提高几倍。工件材料的强度、硬度较高时切削速度应选低一些，背吃刀量和进给量增大时应适当降低切削速度等。对于高速钢车刀，如果切下来的切屑是白色或黄色的，那么所选的切削速度大体上是合适的；对于硬质合金车刀切下来的切屑是蓝色的，则表面切削速度是合适的。如果车削时出现火花，则说明切削速度太高了；如果切屑是白色的，则说明切削速度还是可以提高。

4. 提高切削用量的途径

1）改善刀具结构，简化装刀和调整手续，可以采用相对比较低的刀具使用寿命标准，提高切削用量（最终是提高切削速度），如采用机夹不重磨车刀。

2）提高刀具刃磨质量，使切削刃更为锋利，刀面的表面粗糙度值更低，从而减少切削过程的变形和摩擦，提高刀具的使用寿命。也就是说，在同等使用寿命下，可以提高其切削用量。例如，采用金刚石砂轮代替碳化硅砂轮刃磨硬质合金车刀能提高其使用寿命 50% ~100%。

3）采用耐热性和耐磨性更高的新型刀具材料，如新牌号的高速钢、含有添加剂的新型硬质合金等。

4）采用性能优良的新型切削液，改善切削过程中的冷却和润滑条件，从而提高刀具的使用寿命和切削用量，如极压乳化液、极压切削油等，都能有效地提高刀具的使用寿命或切削用量。

1.5 一夹一顶装夹车削阶梯轴

学习任务

1. 掌握中心架的使用方法。
2. 掌握阶梯轴的基本车削方法。

工件加工中，一夹一顶装夹是车削轴类零件常用的装夹方法，其特点是装夹刚性好，但同轴度有一定误差，因此常用于轴类零件的粗加工或半精加工。

1.5.1 加工步骤

阶梯轴如图1-43所示，工件材料为45钢。

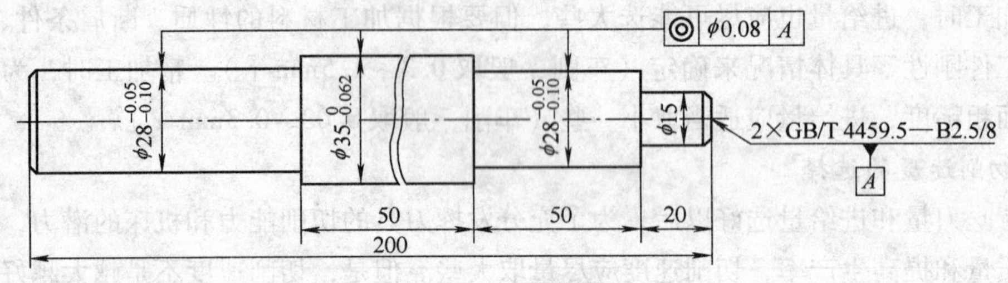

图1-43 阶梯轴

1. 准备工作

1）车端面、钻中心孔。

2）主轴孔内装限位装置，也可以车一段15～20mm长，以台阶外圆作限位。

3）工件装夹。如图1-44所示，装夹时顶尖不能过紧或过松，以用手转动工件时回转顶尖能随工件一起转动为宜，然后夹紧工件，然后尾座套筒锁紧。

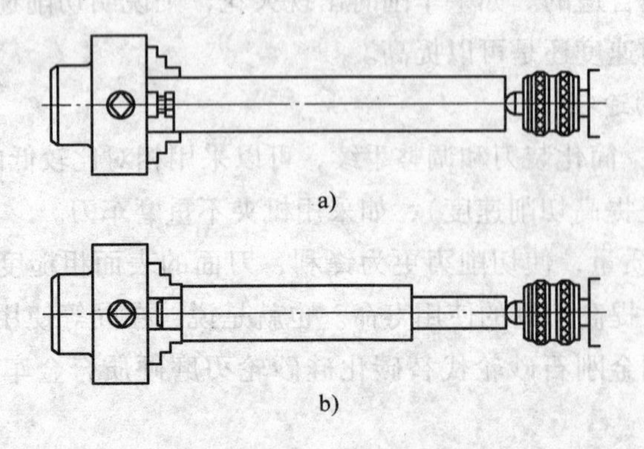

图1-44 一夹一顶装夹工件

a）用限位装置限位 b）用工件台阶限位

2. 车阶梯轴外圆

(1) 阶梯轴的车削顺序　粗车阶梯轴时，先车削直径最大的一段，依次车削直至车到最小的一段，以使阶梯轴在整个车削过程中保持较好的刚性。

(2) 粗车台阶外圆　粗车台阶必须留精车余量，外径留1~2mm，长度留0.5~1mm。长度留精车余量的方法是：第一段按所留余量车至尺寸，其余各段车至尺寸。粗车长度尺寸以轴端面为基准，用床鞍刻度盘控制。台阶最大直径外圆的车削长度尽可能长些，在掉头加工时同轴度误差就相应小，粗车方法如图1-45所示。

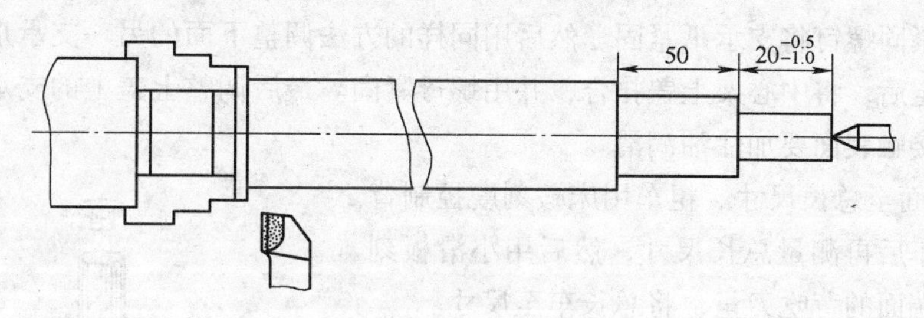

图1-45　粗车台阶轴

注意：一夹一顶装夹车外圆也须找正尾座中心。

(3) 精车台阶外圆　精车的顺序与粗车一样，由大直径车至小直径，台阶外圆和长度均车至尺寸，最后在外圆上倒角。

(4) 中心架的使用　对于工件的长度与直径之比$L/d>25$的工件，在使用一夹一顶车外圆时，必须使用中心架，以增强工件的刚性，保证工件的加工精度。中心架结构如图1-46所示。图中主体1通过压板8和螺母7紧固在床面上，上盖4和主体1用销子作活动连接，在装卸工件时，上盖可以打开和扣合，并用螺母6来固定。支承爪3的移动可用螺母2来调整，以适应不同直径的工件，并用螺钉5作固。工件加工时，需掉头车端面、钻中心孔时，要使用中心架作支承。

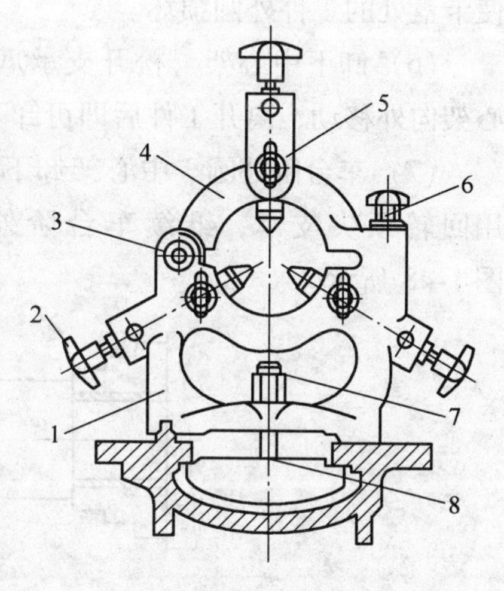

图1-46　中心架

1—主体　2、6、7—螺母　3—支承爪　4—上盖　5—螺钉　8—压板

(5) 在中心架上车端面、钻中心孔

1) 工件的装夹。在工件已加工表面上垫铜片后用自定心卡盘夹住，夹持长度为15~20mm。由于工件伸出长度较长，轴线易产生歪斜，要进行找正，使工件的轴线与主轴的轴线基本一致。

2) 中心架的支承。

① 将尾座与床鞍移向机床导轨的尾端。将中心架置于机床导轨上，调整三支承爪，使其大于工件直径。

② 打开上盖，将中心架移向工件轴端处，在不影响车削的情况下尽可能支承在工件

轴端，位置确定后将中心架固定。

③ 找正工件轴线，比较简便的方法是调整中心架下面靠操作者一边的支承爪，当与工件靠近时，用手转动卡盘，目测工件转动时外圆与支承爪间的间隙是否保持一致，如间隙忽大忽小，应轻轻敲击外圆，使其向间隙宽的一边移动直至间隙达到基本一致为止。如果工件同轴度要求较高，则需用百分表找正工件的上素线和侧素线。

④ 开动机床，主轴转速为150~200r/min，在工件运转时，调整支承爪与工件的接触程度，当支承爪与工件表面相接触时，旋动支承爪的手指会有轻微的接触感觉，当手指感觉到时即用紧固螺钉将支承爪紧固。然后用同样的方法调整下面的另一支承爪。下面两支承爪位置固定后，将中心架上盖扣合，并用螺母紧固。最后调整上盖上的支承爪。支承爪与工件间的接触表面要加注油润滑。

⑤ 车端面至总长尺寸。粗车用床鞍刻度控制背吃刀量，粗车后再测量总长尺寸，然后用小滑板刻度控制精车端面的背吃刀量，将总长车至尺寸。

⑥ 在中心架上钻中心孔，如图1-47所示。在试钻时若发现工件中心不对，应松开中心架三支承爪，重新调整，直至中心位置正确为止。如不及时调整会导致中心钻折断，严重的还会使工件掉下，使卡盘处的工件外圆损坏。

(6) 卸下中心架　松开支承爪和螺母7，将中心架向外移动，离开工件后即可卸下。

(7) 车台阶外圆　中心架卸下后，工件中心孔用回转顶尖支承，继续车台阶外圆并倒角，如图1-48所示。

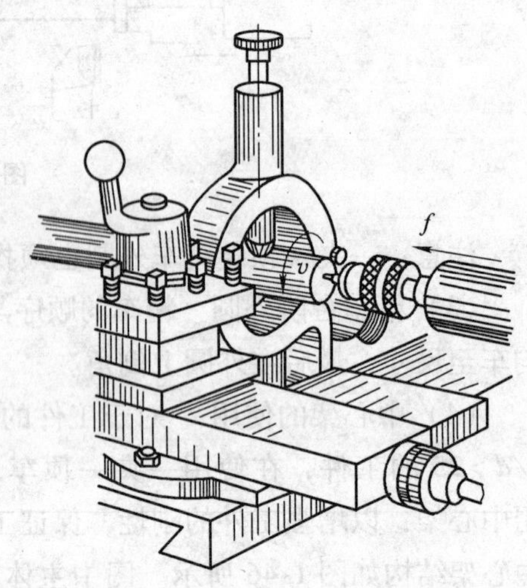

图1-47　在中心架上钻中心孔

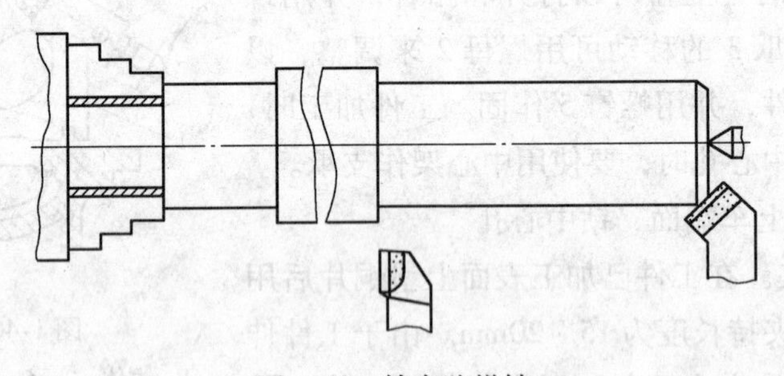

图1-48　精车阶梯轴

(8) 检查同轴度的方法　用百分表检查各台阶外圆的同轴度，如图1-49所示。

(9) 一夹一顶车阶梯轴的质量分析

1) 车削时如工件向床头方向移动，使后顶尖与工件中心孔脱开。这种现象主要是由于轴向未作限位造成的。

2) 工件同轴度误差大。主要是由于一夹一顶车外圆时，卡盘夹持部分太长或工件掉

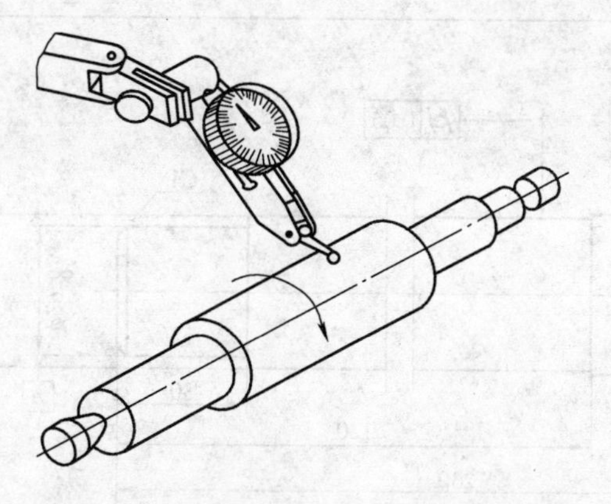

图 1-49　百分表检查各台阶外圆的同轴度

头装夹时轴线未找正。例如，工件两端中心孔都钻好后，再用一夹一顶方法车外圆，同轴度就不能保证。

3）工件从中心架上掉下。其主要原因是中心架三支承爪的中心位置未调整好，导致工件轴线产生歪斜，使工件扭动而掉下。

技能操作训练

1. 加工图 1-50 所示阶梯轴。

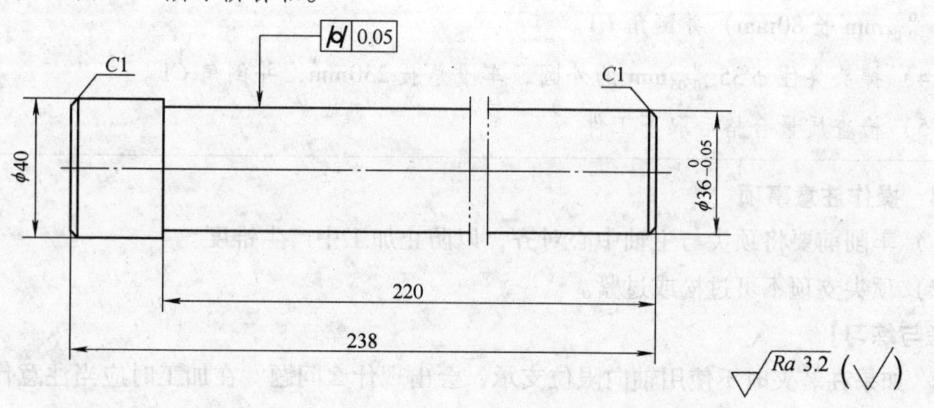

图 1-50　阶梯轴（一）

参考步骤：

1）车两平面，钻中心孔。

2）用自定心卡盘夹住毛坯一端外圆长 10mm 左右，另一端中心孔用顶尖支顶。

3）粗车外圆 ϕ36mm 长 220mm（留精车余量，并把工件产生的锥度找正）。

4）精车 $\phi 36_{-0.05}^{\ 0}$mm 长 220mm，并倒角 $C1$。

5）检查质量合格后取下工件。

2. 加工图 1-51 所示阶梯轴。

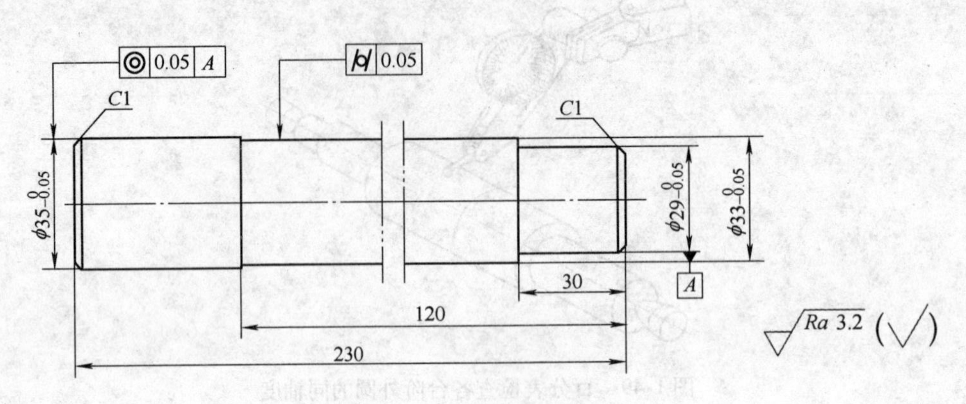

图 1-51 阶梯轴（二）

参考步骤：

1）用自定心卡盘夹住外圆长6mm左右，另一端中心孔用顶尖支顶。

2）粗车外圆 ϕ29mm 长 30mm、ϕ33mm 长 120mm、ϕ35mm 长 80mm（留精车余量，并把工件产生的锥度找正）并倒角 $C1$。

3）精车各外圆至尺寸要求（$\phi 29_{-0.05}^{\ 0}$mm 长 30mm 和 $\phi 33_{-0.05}^{\ 0}$mm 长 120mm 以及 $\phi 35_{-0.05}^{\ 0}$mm 长 80mm）并倒角 $C1$。

4）掉头夹住 $\phi 35_{-0.05}^{\ 0}$mm 的外圆，车准总长 230mm，并倒角 $C1$。

5）检查质量合格后取下工件。

1.5.2 操作注意事项

1）车削前要将顶尖与主轴中心对齐，以防止加工中产生锥度。

2）顶尖支顶不可过松或过紧。

【思考与练习】

1. 如果在装夹时不使用轴向限位支承，会出现什么问题？在加工时应当注意什么？
2. 顶尖在使用时过紧或过松会出现什么问题？
3. 粗车多台阶时，台阶长度余量应当留在什么位置？
4. 台阶处如何保持清角、垂直？

1.6 两顶尖装夹工件车削外圆

学习任务

1. 了解顶尖的种类及作用。
2. 掌握转动小滑板、车削前顶尖的方法。
3. 了解鸡心夹头、对分夹头的使用方法。

4. 能够在两顶尖上加工轴类零件的方法。

5. 会识读和使用千分尺。

1.6.1 准备工作

1. 前顶尖的选用和安装

前顶尖的类型有两种，图 1-52a 所示的顶尖是将顶尖插入主轴锥孔内，使用时须卸下卡盘，换上拨盘来带动工件旋转。拆顶尖时可用一根棒料从主轴孔后稍用力顶出。前顶尖每次安装时都要把主轴孔和顶尖锥柄擦干净。为了操作方便和确保精度一般采用在自定心卡盘上夹一根带台阶的棒料，车成 60°顶尖来代替前顶尖，如图 1-52b 所示。这种顶尖拆下后，再使用时，必须将锥面重车一刀，以保证 60°圆锥轴线与主轴旋转轴线同轴。自定心卡盘装夹顶尖，卡盘还起到了拨盘带动工件旋转的作用。

车 60°圆锥面的方法如图 1-53 所示。将小滑板按图示转过 30°，固定后摇动小滑板手柄，使车刀沿着小滑板的角度车圆锥，60°圆锥不要车得太尖，以免在装夹工件时碰毛中心孔的锥面。车顶尖时车刀刀尖一定要对准工件旋转轴线。手动进给要均匀，表面粗糙度值 *Ra* 小于 3.2μm。

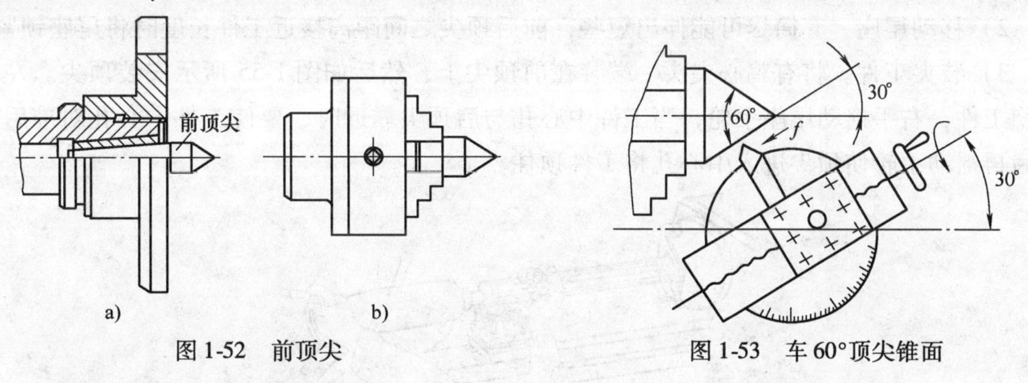

图 1-52 前顶尖　　图 1-53 车 60°顶尖锥面

2. 后顶尖的选用和安装

后顶尖就是在使用装在尾座里的顶尖。后顶尖也有两种，一种是固定顶尖，另一种是回转顶尖。

固定顶尖不转动，因此与中心孔产生滑动摩擦，容易引起顶尖尖部的磨损。使用时必须在中心孔内加润滑脂，适用于低速车削精度要求较高的工件。

回转顶尖是随工件中心孔一起转动的，适用于高速切削，在加工中广泛使用。

后顶尖安装前，必须把顶尖锥柄和尾座套筒的锥孔擦干净，安装时用力插入，使锥面紧密结合。拆下后顶尖时，可摇动尾座手轮，使套筒后退，由丝杠前端将后顶尖顶出。

3. 鸡心夹头和对分夹头

鸡心夹头如图 1-54a 所示，对分夹头如图 1-54b 所示。

4. 操作注意问题

(1) 前、后顶尖要对中心　工件装夹前要先检查后顶尖是否对准主轴中心。检查时，使前、后顶尖轻微接触，目测是否对准，如有偏移，要调整尾座的横向位置进行找正。

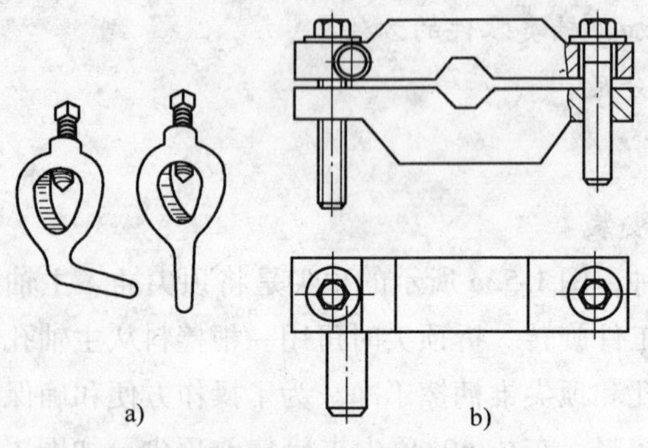

图 1-54 鸡心夹头和对分夹头
a）鸡心夹头 b）对分夹头

（2）小滑板操作要求 移动小滑板使小滑板上下导轨齐平，以防止车削时鸡心夹头与小滑板导轨碰撞。

5. 装夹工件

1）在工件一端外圆上，装上合适的鸡心夹头，并用手将固定螺钉大致拧紧。如后顶尖用固定顶尖，应在中心孔内加润滑脂。

2）移动尾座，套筒尽可能伸出短些，前后顶尖之间距离接近工件长度时将尾座锁紧。

3）装夹工件。将有鸡心夹头一端装在前顶尖上，然后如图 1-55 所示安装顶尖。左手持稳工件，右手摇动尾座手轮，当工件中心孔与后顶尖靠近时，要使工件中心孔对准后顶尖后再摇动手轮使顶尖进入中心孔将工件顶住。

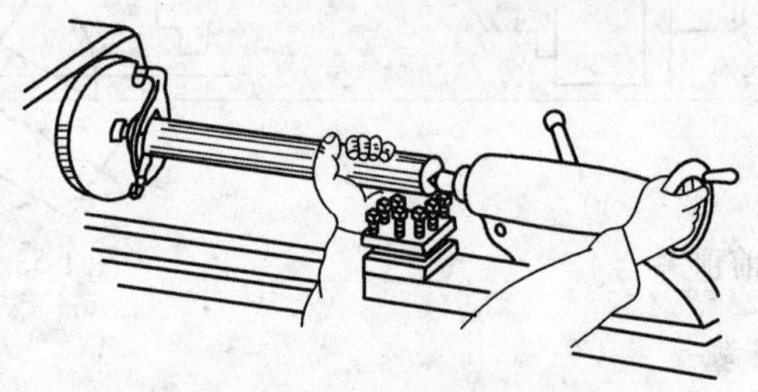

图 1-55 工件在两顶尖间安装

4）调整工件的顶紧程度。左手转动工件，右手调整尾座套筒，使工件顶紧程度合适，达到既能转动又无轴向间隙，然后锁紧尾座套筒。

5）锁紧鸡心夹头的固定螺钉，如装夹已加工表面，要在工件与螺钉间垫铜片以防夹伤表面。前顶尖用卡盘装夹时，还应注意鸡心夹头的拨杆不可碰卡盘面。

1.6.2 车外圆

1. 控制尺寸公差的方法

精车外圆控制尺寸公差时，要测量锥度误差的数值和方向，才能确定试切外圆的实际公差，其关系是：外圆尺寸公差减去锥度误差等于试切的实际尺寸公差，因此要求锥度误差一定要小于尺寸公差的 1/3。

2. 接头的方法

工件一端外圆车好后，要将工件拆下掉头装夹。鸡心夹头与已加工表面之间要垫铜皮，接头时试切尺寸要尽可能与已加工外圆相一致，否则就会使接头不平整。也可以采取反接法接头，如图 1-56 所示。用车刀刀尖靠近已加工表间，横向逐渐进给至刀尖与外圆无间隙时，纵向由左至右进给，将外圆接平，接头时余量不宜多，一般约 0.5mm。

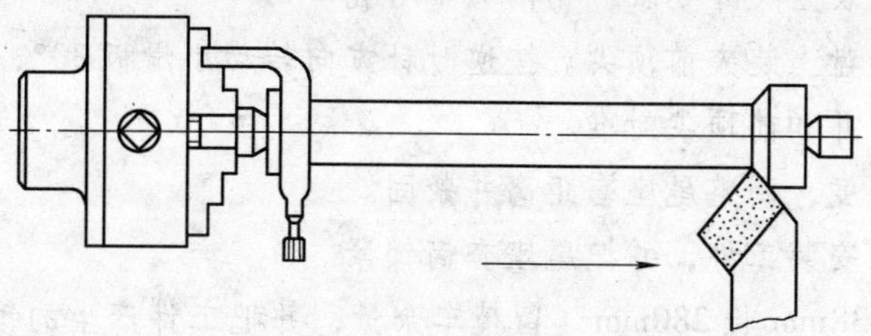

图 1-56 反接法接头

3. 两顶尖车外圆时容易产生的现象及其原因

（1）车出的外圆呈圆锥体的原因　其原因是前后顶尖的连线未与主轴袖线同轴，是尾座中心位置不对造成的。

（2）车削时工件产生振动的原因

1）尾座套筒伸出太长或工件支顶太松。

2）车刀不够锐利或刀尖圆弧过大。

3）回转顶尖的轴承间隙大或中、小滑板的间隙太大。

（3）接头不平整的原因

1）前顶尖跳动或回转顶尖的轴承磨损而产生径向圆跳动。

2）工件中心孔未擦干净或中心孔碰毛。

3）鸡心夹头或对分夹头的拨杆碰卡盘端面而使中心孔起不到定位作用。

4）接头外圆尺寸车小。

（4）中心孔严重磨损或咬毛的原因

1）使用固定顶尖未加润滑油或主轴速度太快。

2）鸡心夹头未夹紧，车削时工件曾停止转动。

技能操作训练

1. 加工图 1-57 所示长轴。

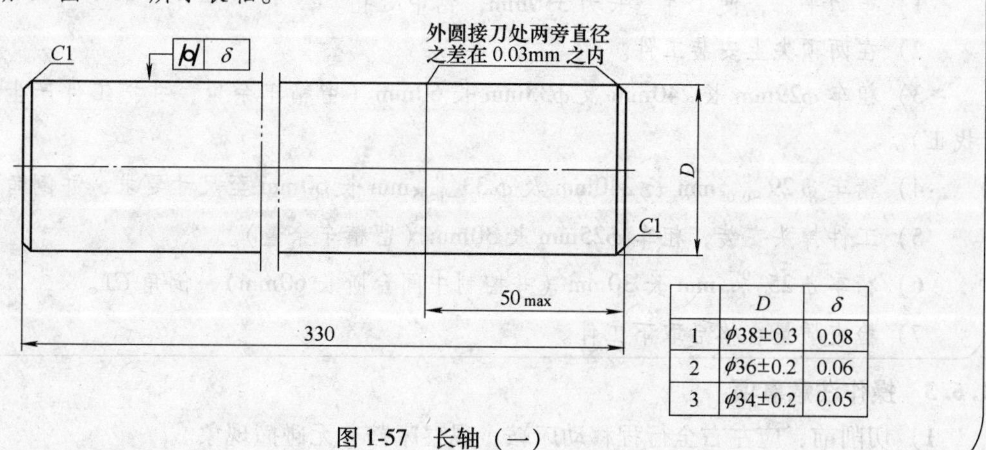

	D	δ
1	$\phi38\pm0.3$	0.08
2	$\phi36\pm0.2$	0.06
3	$\phi34\pm0.2$	0.05

图 1-57 长轴（一）

参考步骤：

1）车平面及总长至尺寸要求，钻两头中心孔。

2）在自定心卡盘上装夹前顶尖。按逆时针方向转动小滑板30°，把前顶尖找准。

3）装后顶尖，并和前顶尖对准。

4）根据工件长度，调整尾座套距离并紧固。

5）在两顶尖上安装工件，并把尾座套筒锁紧。

6）粗车外圆ϕ38mm长280mm（留精车余量，并把工件产生的锥度找正）。

7）精车外圆$\phi 38_{-0.08}^{\ 0}$mm长280mm至图样要求，并倒角C1。

8）工件掉头安装，方法同上，粗、精车外圆$\phi 38_{-0.08}^{\ 0}$mm至图样要求，并注意外圆接刀痕迹。

9）倒角C1。

10）检查质量合格后取下工件。

11）第2、3次序号按上述方法完成。

2. 加工图1-58所示长轴。

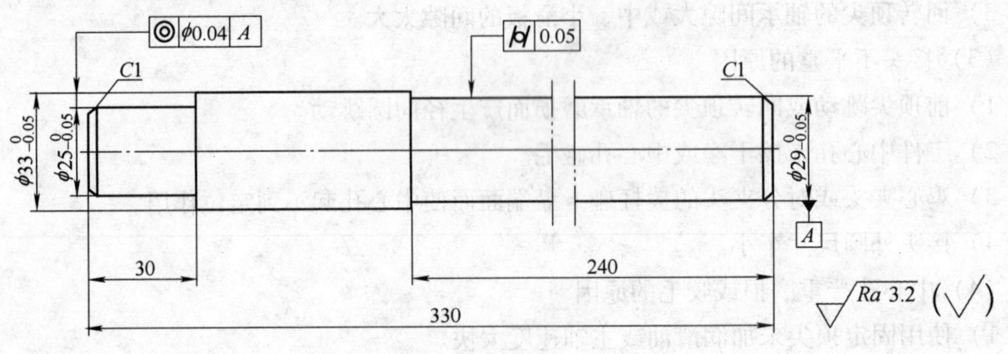

图1-58 长轴（二）

参考步骤：

1）车两平面，使工件总长为330mm，钻中心孔。

2）在两顶尖上安装工件。

3）粗车ϕ29mm长240mm及ϕ33mm长60mm（留精车余量，并把工件产生的锥度找正）。

4）精车$\phi 29_{-0.05}^{\ 0}$mm长240mm及$\phi 33_{-0.05}^{\ 0}$mm长60mm至尺寸要求，并倒角C1。

5）工件掉头安装，粗车ϕ25mm长30mm（留精车余量）。

6）精车$\phi 25_{-0.05}^{\ 0}$mm长30mm（并控制中间台阶长60mm），倒角C1。

7）检查质量合格后取下工件。

1.6.3 操作注意事项

1）切削前，应左右全行程移动床鞍，观察床鞍有无碰撞现象。

2）注意防止对分夹头的拨杆与卡盘平面碰撞而破坏顶尖的定心作用。

3）防止固定顶尖支顶太紧，否则工件易发热、变形，还会烧坏顶尖和中心孔。

4）顶尖支顶太松，工件产生轴向窜动和径向跳动，切削时易振动，会造成外圆圆度超差，同轴度受影响等缺陷。

5）随时注意前顶尖是否发生移位，以防工件不同轴而造成废品。

6）工件在顶尖上安装时，应保持中心孔的清洁和防止碰伤。

7）在切削过程中，要随时注意工件在两顶尖间的松紧程度，并及时加以调整。

8）为了增加切削时的刚性，在条件允许时尾架套筒不宜伸出过长。

9）鸡心夹头或对分夹头必须牢靠地夹住工件，以防切削时移动、打滑、损坏车刀。

10）车削台阶时，台阶处要保持清角，不要出现小台阶和凹坑。

11）注意安全，防止对分夹头或鸡心夹头伤人。应及时使用专用铁屑钩清除铁屑。

【知识拓展】

1. 中滑板刻度对刀法

移动床鞍使车刀刀尖靠近尾座处的轴端外圆，在外圆和刀尖的中间垫纸片，中滑板慢慢进给，使车刀刀尖与工件之间的间隙越来越小，直至纸片正好能拉动时为止，如图1-59所示。将中滑板的刻度调到零位，然后根据左、右两端外圆的直径差来确定尾座调整时的对刀位置。

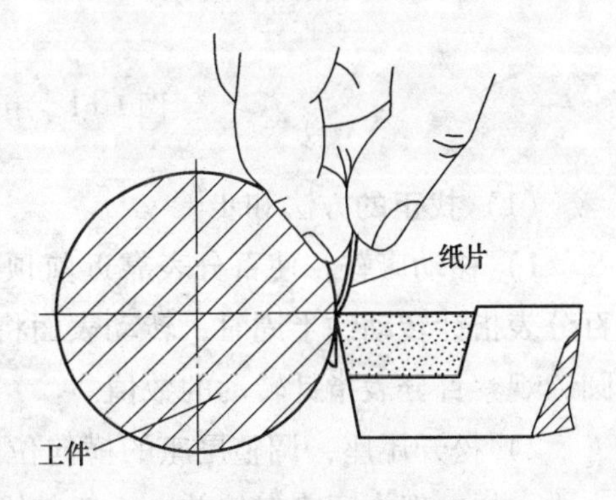

图1-59 用手拉动纸片

例如，轴的锥度误差右端大于左端，其差值为0.5mm，中滑板刻度每小格为0.05mm。则对刀位置应比原始对刀位置刻度后退5小格。反之，若右端小于左端则刻度位置应向前进5小格。对刀位置确定后，对刀的方法与前述相同，要求前、后两次对刀时纸片拉动的松紧程度一致。

2. 尾座的调整方法

尾座调整时应先松开尾座的锁紧手柄，然后两边调节螺钉一松一紧，使尾座作横向移动。调整后两边螺钉要同时锁紧，然后锁紧尾座。尾座调整后一定要重新检查工作的顶紧程度，如发现松动，要重新作调整，尾座位置调整后还须进行试车削来验证。试车削外圆与调整尾座的横向位置，一般要重复进行几次，才能使外圆的锥度误差符合规定要求。

3. 用百分表控制尾座调整量的方法

将百分表固定在刀架上，测量头垂直对准尾座套筒的中心位置，如图1-60所示。摇动中滑板，使百分表指针转动约半周，转动表面刻度至零位。横向调整尾座时，调整值可从百分表中直接读出。

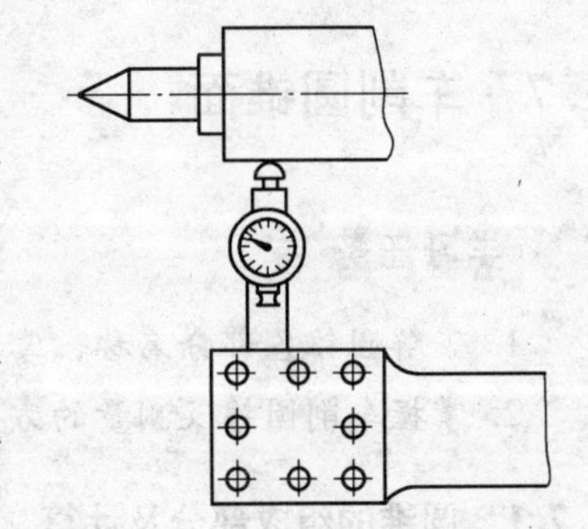
图1-60 百分表控制尾座的调整量

4. 用百分表和试棒找正尾座的中心位置方法

当工件余量很少时，用车削的方法进行找正就不适用，而采用试棒找正可以不用试车削就能将尾座的中心位置找正。试棒的长度应接近或大于工件的长度，找正时将试棒两端中心孔擦清后，用前、后顶尖顶住。将百分表水平方向固定在刀架上，测量头应垂直对准试棒的中心，如图 1-61 所示。最后，用百分表测尾座的调整量。

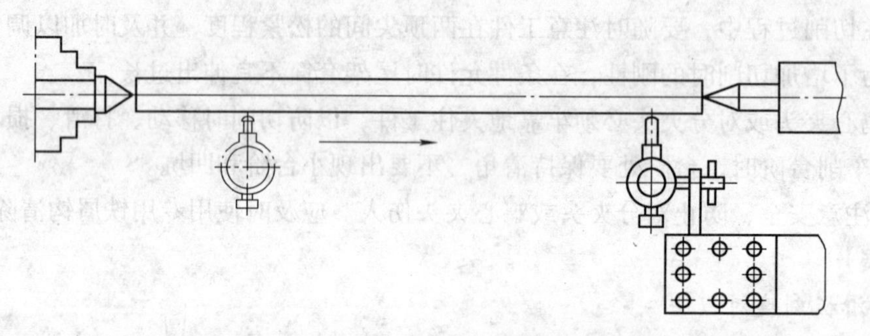

图 1-61 用试棒和百分表找正尾座中心

（1）找正的方法和步骤

1）移动床鞍，使百分表靠近前顶尖处外圆。移动中滑板，使测量头与工件接触，当百分表指针转动约半周时，转动表面将刻度调至零位。移动床鞍使测量头移至后顶尖处外圆，观察百分表指针转动的数值。

2）松开尾座，调整尾座的横向位置，直至百分表在试棒左、右两端外圆上读数一致为止。如发现中间略有偏差，一般与锥度误差无关。

用试棒找正尾座中心的方法较迅速、方便且不用试切削，因此使用较广泛。

（2）找正尾座中心的注意事项

1）尾座的调整方向不能搞错，调整量要正确控制，切不可盲目调整。

2）尾座调整后要重新调整工件支顶的松紧程度。尾座套筒和尾座均要锁紧。

3）用试车削的方法进行找正，车刀要锐利，每次的工作行程背吃刀量要小，试车削表面粗糙度值 $Ra < 3.2\mu m$。

1.7 车削圆锥面

学习任务

1. 了解圆锥各部分名称，掌握其计算方法。
2. 掌握车削圆锥及测量的方法。

1.7.1 圆锥的组成部分及计算

圆锥如图 1-62 所示，圆锥各部分名称如下：

大端直径 D，小端直径 d；圆锥角 α，圆锥半角 $\alpha/2$；圆锥长度 L；锥度 $C=\frac{D-d}{L}$；斜度 $=C/2$。

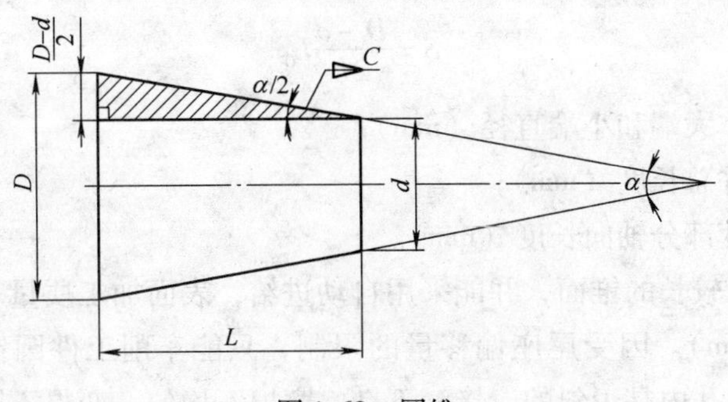

图 1-62 圆锥

1.7.2 标准圆锥的种类

标准圆锥分为莫氏圆锥和米制圆锥，其表示方法用号码表示，参数值可查手册获得。其中，莫氏圆锥按尺寸由小到大有 0、1、2、3、4、5、6 七个号码，当号码不同时，圆锥角和尺寸都不同；米制圆锥有 4、6、80、120、160、200 七个号码，它的号码是指大端直径，锥度固定不变，$C=1:20$。

1.7.3 加工圆锥的方法

1. 转动小滑板法（小刀架转位法）

如图 1-63 所示，根据零件的圆锥角 α，将小刀架下的转盘顺时针或逆时针扳转 $\alpha/2$，再将螺母固紧。用手缓慢而均匀转动小刀架手柄，车刀则沿着锥面的素线移动，从而加工出所需要的锥面。

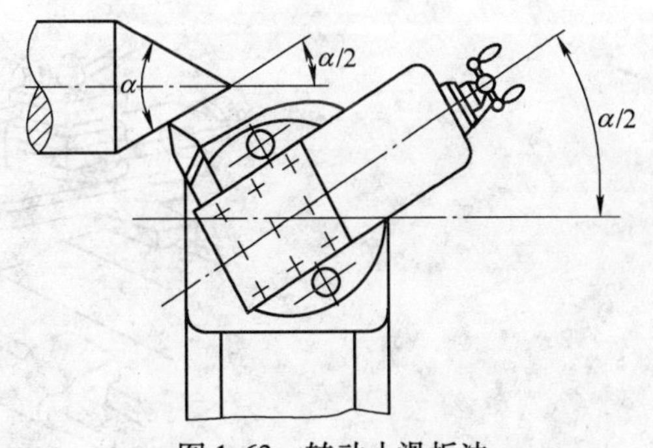

图 1-63 转动小滑板法

此方法车锥面操作简单，可以加工任意锥角的内、外锥面。因受小刀架行程的限制（C6132 车床小刀架行程为 100mm），不能加工较长的锥面。需手动进给，劳动强度较大，表面粗糙度值 Ra 为 6.3～1.6μm。特别适用于单件小批生产中，车削精度较低和长度较短的圆锥面。

2. 偏移尾座法

如图 1-64 所示，尾座主要由尾座体和底座两大部分组成。底座靠压板和固定螺钉紧固在床身上，尾座体可在底座上工作横向调节。当松开固定螺钉而拧动两个调节螺钉时，即可使尾座体在横向移动一定距离。

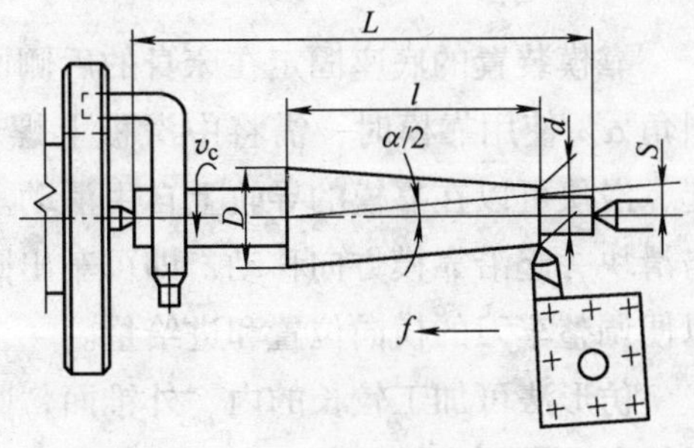

图 1-64 偏移尾座法

工件安装在前后顶尖之间，将尾座体相对底座在横向向前或向后偏移一定距离 S 使工件回转轴线与车床主轴轴线夹角等于工件圆锥斜角 α，当刀架自动或手动纵向进给时，即可车出所需的锥面。尾座偏移距离 S 为

$$S=\frac{D-d}{2L}L_0$$

式中 D，d——锥体大端和小端直径（mm）；

L_0——工件总长度（mm）；

L——锥度部分轴向长度（mm）。

此方法可以加工较长的锥面，并能采用自动进给，表面加工质量较高，表面粗糙度值小（$Ra=6.3\sim1.6\mu m$）。因受尾座偏移量的限制，只能车削工件圆锥斜角 $\alpha<8°$ 的外锥面。又因顶尖在中心孔内是歪斜的，接触不良，磨损不均匀，变得不圆，导致在加工锥度较大的斜面时，影响加工精度。尾座偏移法车圆锥，最好使用球顶尖，以保持顶尖与中心孔有良好的接触状态。

此方法适用于单件和成批生产中，加工锥度较小，较长的外圆锥面。

3. 仿形法

仿形法如图 1-65 所示，又称靠模法，其靠模装置一般要自制，也有作为车床附件供应的。

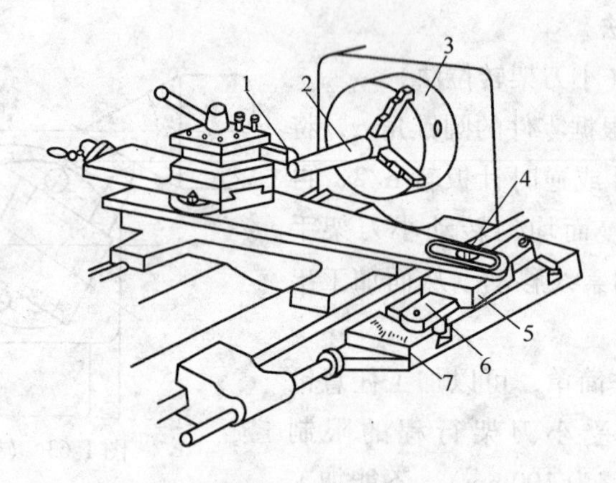

图 1-65　仿形法

1—车刀　2—工件　3—自定心卡盘　4—固定螺钉　5—滑板　6—靠模板　7—托架

靠模装置的底座固定在床身的后侧面。底座上装有靠模，靠模可以根据需要扳转一个斜角 α。使用靠模时，需将中滑板上螺母与横向螺杆脱开，并用接长板与滑块连接在一起，滑块可以在靠模的导轨上自由滑动。这样，当床鞍作自动或手动纵向进给时，中滑板与滑块一起沿靠模方向移动，即可车出圆锥斜角为 α 的锥面。加工时，小刀架需扳转 90°，以便调整车刀的横向位置和进给量。

仿形法可加工较长的内、外锥面，圆锥斜度不大，一般 $\alpha<12°$，若圆锥斜度太大，中滑板由于受到靠模的约束，纵向进给会产生困难。能采用自动进给，锥面加工质量较高，表面粗糙度值 Ra 可达 $6.3\sim1.6\mu m$。

仿形法适用于成批和大量生产，可加工锥度小，较长的内、外圆锥面。

4. 宽刀法（样板刀法）

宽刀（样板刀）车削圆锥面如图 1-66 所示，是依靠车刀主切削刃垂直切入，直接车出圆锥面。宽刀切削刃必须平直，刃倾角为零，主偏角等于工件的圆锥斜角 α。安装车刀时，必须保持刀尖与工件回转中心等高。加工的圆锥面不能太长，要求机床—工件—刀具系统必须具有足够的刚度。此方法加工的生产率高，工件表面粗糙度值 Ra 可达 6.3 ~ 1.6μm。

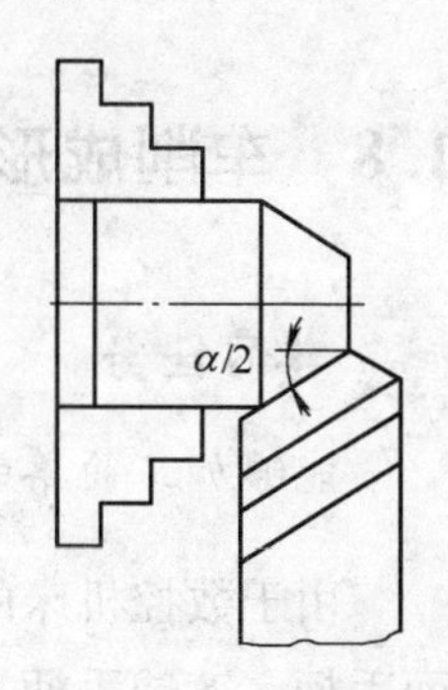

图 1-66　宽刀法

此方法适用于大批量生产，可加工锥度较大，长度较短的内、外圆锥面。

技能操作训练

加工图 1-67 所示的锥度工件，所需工具、量具见表 1-7。

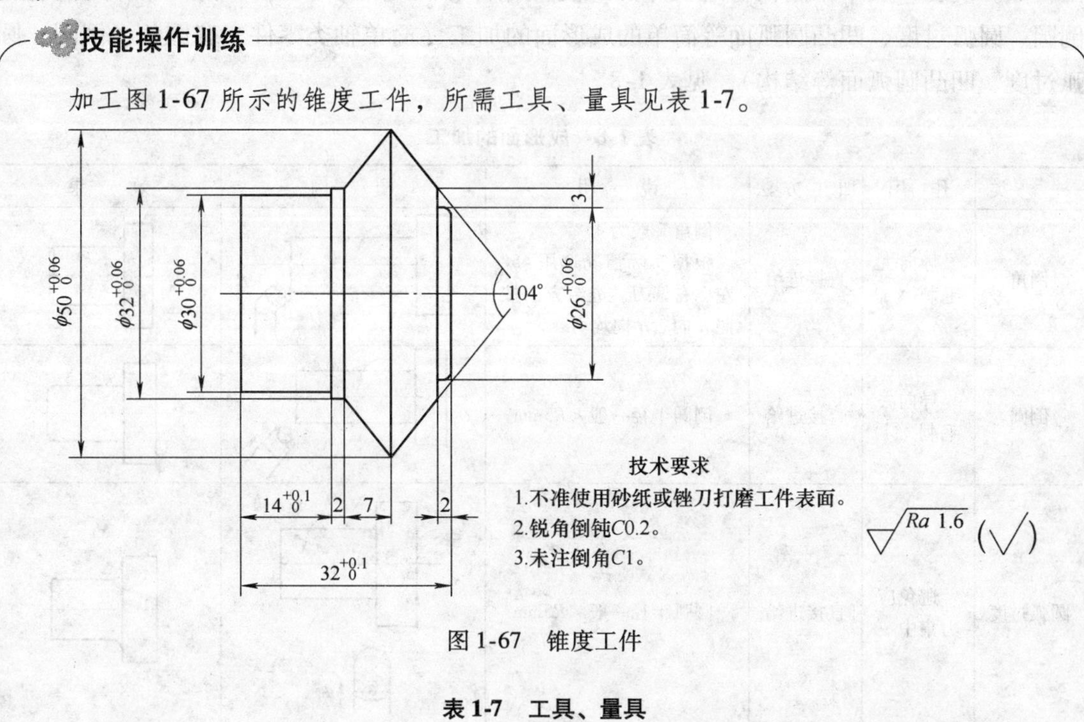

图 1-67　锥度工件

表 1-7　工具、量具

名　称	规　格	数　目	要　求
90°外圆刀	高速钢或硬质合金	1 把	磨制完成
45°偏刀	高速钢或硬质合金	1 把	磨制完成
游标万能角度尺		1 把	精度符合要求
金属直尺	150mm	1 把	
游标卡尺	精度 0.02mm	1 把	
外径千分尺	0 ~ 25mm	1 把	

1.7.4　操作注意事项

1）加工时要使刀尖对准工件中心，否则会把工件素线车成双曲线。

2）小滑板转动过程要均匀。

1.8 车削成形面

学习任务

能够加工简单的成形面，如倒角、倒圆等。

由于数控机床的普及，使得各种曲面的加工非常容易。以往许多的曲面零件（如单球面手柄、三球手柄、摇手柄等）在普通机床上加工，对工人要求很高，加工效率低，容易出废品。现在一般不采用在普通机床加工类似零件。因此，本书成形面加工只介绍倒角、倒圆、圆弧过度、凹凸圆弧面等简单的成形面的加工（简单轴类零件，有倒角、倒圆、圆弧过度、凹凸圆弧面等结构），见表 1-8。

表 1-8　成形面的加工

种　类	作　用	加工方法	说　明	图　例	效　果
倒角	导向去毛刺	直接进给	倒角一般为 45° 根据实际情况选用 45°左、右偏刀。进给方向按照 *A* 向、*B* 向均可	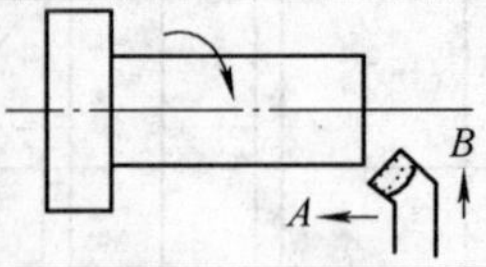	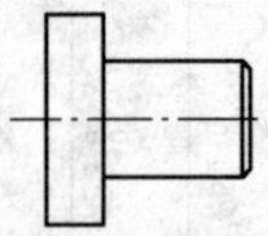
倒圆	导向去毛刺	直接进给	倒圆半径一般 $<R5$mm	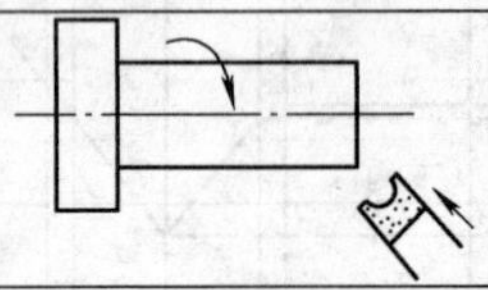	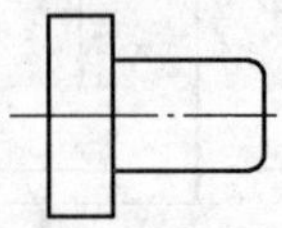
圆弧过度	避免应力集中	直接进给	圆弧半径一般 $<R5$mm	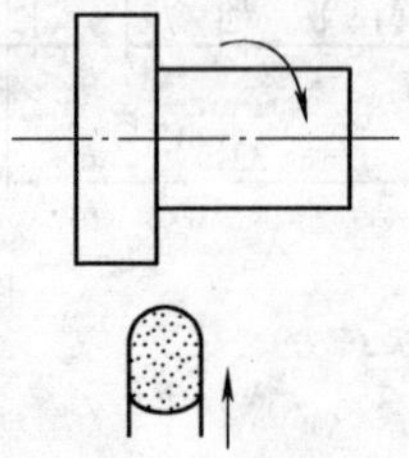	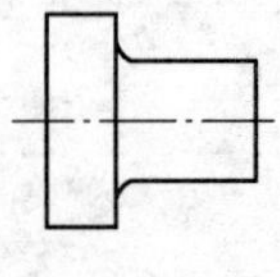
凸圆弧面	特殊要求	直接进给		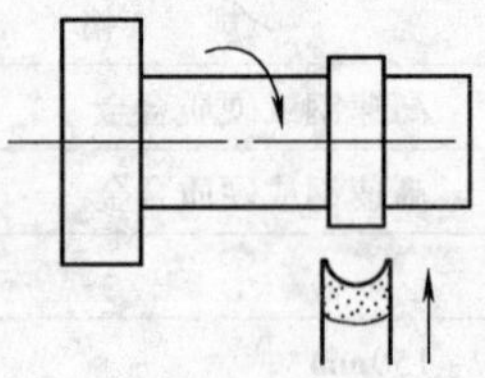	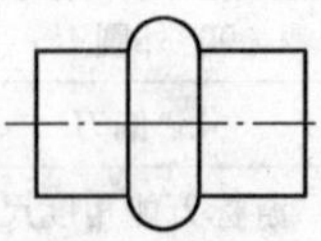
凹圆弧面	特殊要求或油槽	直接进给	可以用圆头车刀代替	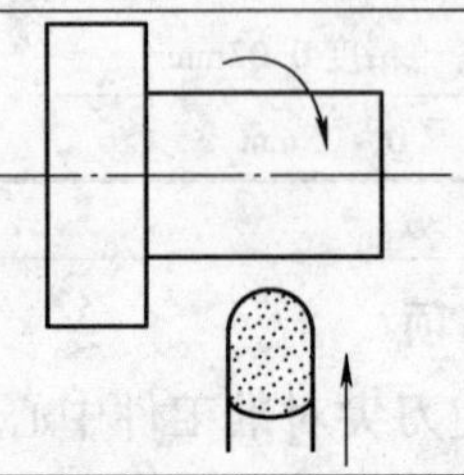	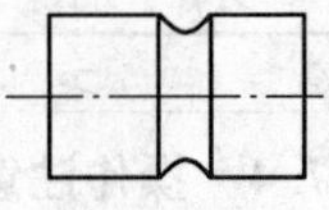

技能操作训练

1. 加工表 1-8 中各成形面。
2. 加工图 1-68a 所示手柄，其参考步骤如图 1-68b、c 所示。

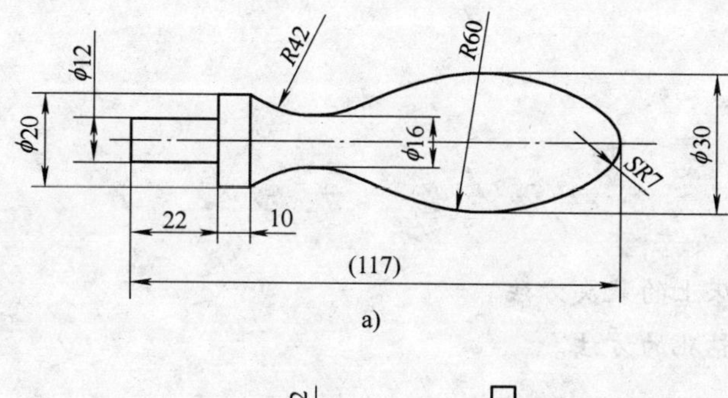

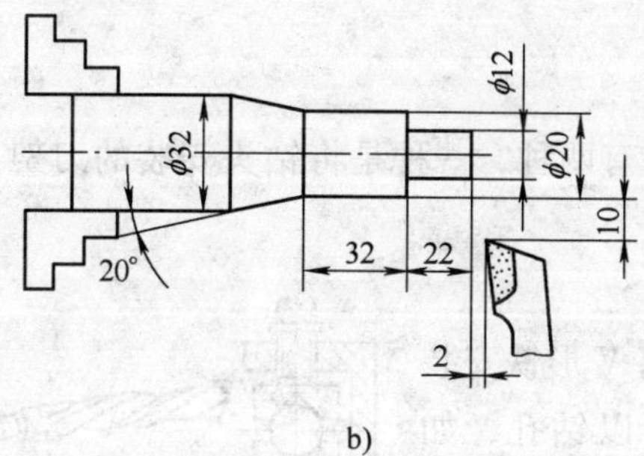

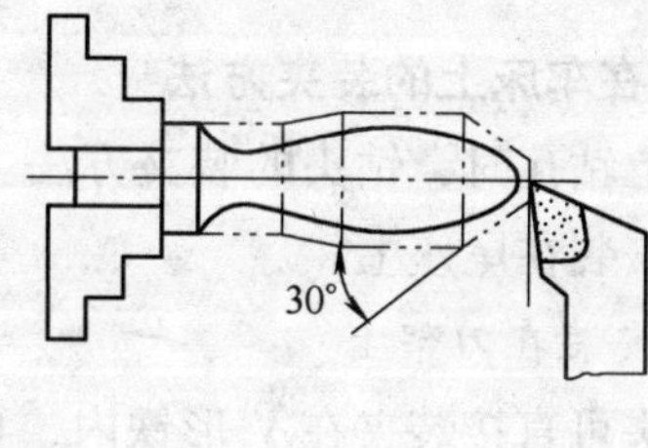

图 1-68　车摇手柄

项目二　加工套类零件

2.1　钻孔

学习任务

1. 掌握钻头在车床上的装夹方法。
2. 掌握在车床上钻孔的方法。

2.1.1　钻头在车床上的装夹方法

在车床上钻孔时，钻头的装夹方法主要有两种，一种是将钻头安装的刀架上，另外一种是把钻头安装在尾座上。

1. 钻头安装在刀架上

直柄钻头可直接装夹在V形铁内，再将V形铁安装在刀架上，对正工件的回转中心后，就可以钻孔，如图2-1所示。

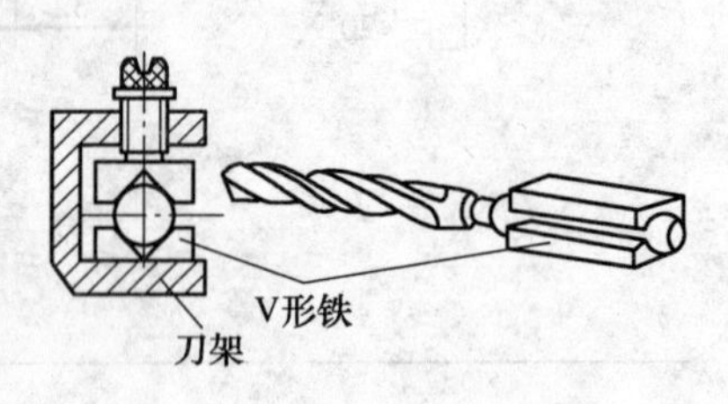

图2-1　V形铁装夹直柄钻头

锥柄钻头可安装在钻头座中，如图2-2a所示，钻头座用螺钉夹紧在刀架上，钻孔情况如图2-2b所示。

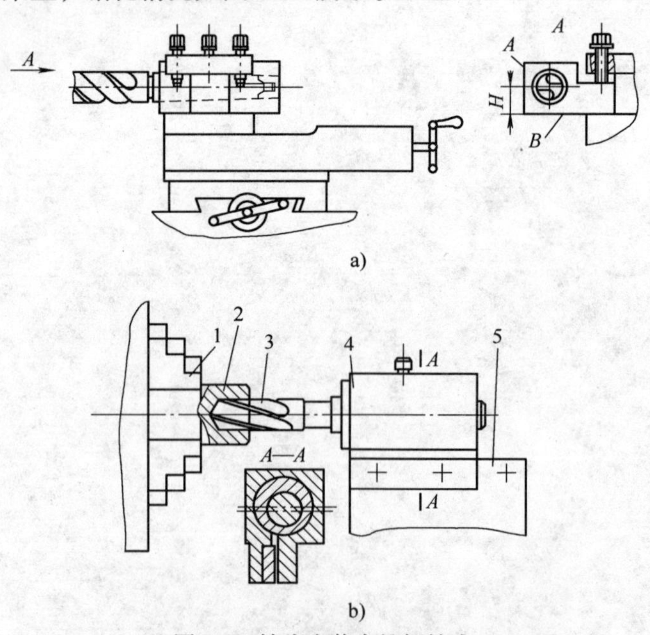

图2-2　钻头座装夹锥柄钻头

a）刀架上安装锥柄钻头　b）锥柄钻头钻孔情况

1—卡盘　2—工件　3—钻头　4—钻头座　5—刀架

2. 钻头安装在尾座上

直柄钻头通常使用钻夹头安装在尾座上，进行钻孔，如图 2-3 所示。

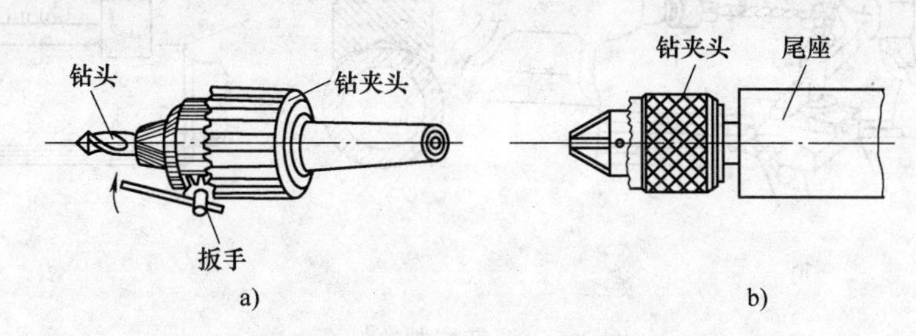

图 2-3　尾座上安装直柄钻头

a）钻头夹紧在钻夹头内　b）钻夹头插入尾座中

当需要较大的夹紧力夹紧直柄钻头时，可以将小自定心卡盘固定在一个锥柄上，然后把锥柄插入尾座锥孔内，使用起来非常方便，如图 2-4 所示。

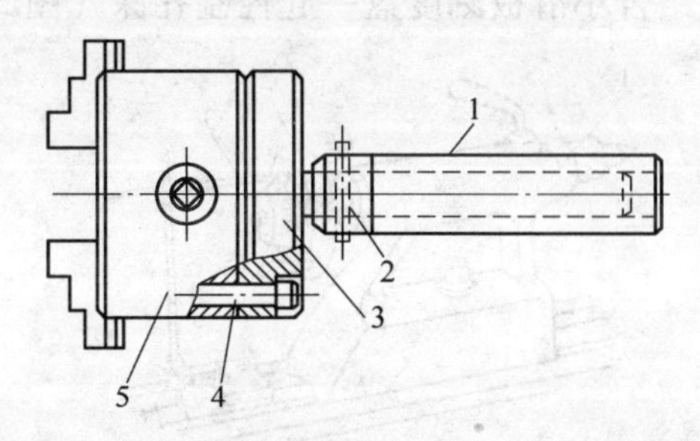

图 2-4　装夹直柄钻头的自定心卡盘装置

1—莫氏圆锥锥柄　2—圆锥销　3—法兰盘　4—内六角螺钉　5—自定心卡盘

锥柄钻头在尾座上的安装如图 2-5 所示，可以使用过渡套筒，将钻头和尾座装配在一起。操作简便，可靠。

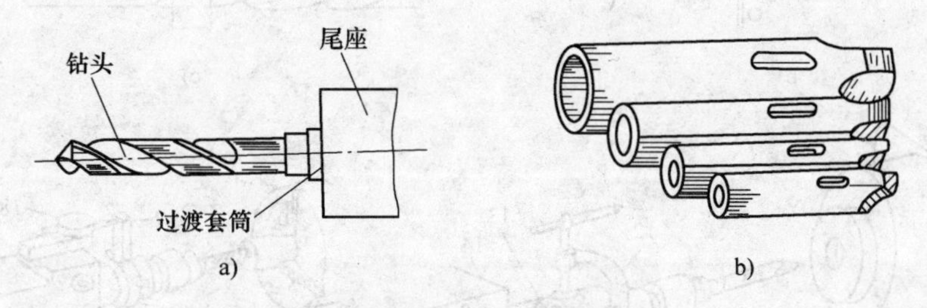

图 2-5　尾座上安装锥柄钻头

a）钻头插进尾座　b）过渡套筒

2. 1. 2　控制钻孔深度的方法

1. 钻一般精度孔的深度控制方法

钻不通孔时，当钻孔深度要求不严格时可以用钻套导向钻孔或者是用金属直尺通过磁铁吸附在尾座套筒上，通过记录钻孔起始点金属直尺读数来确定钻孔深度，如图 2- 6 所示。

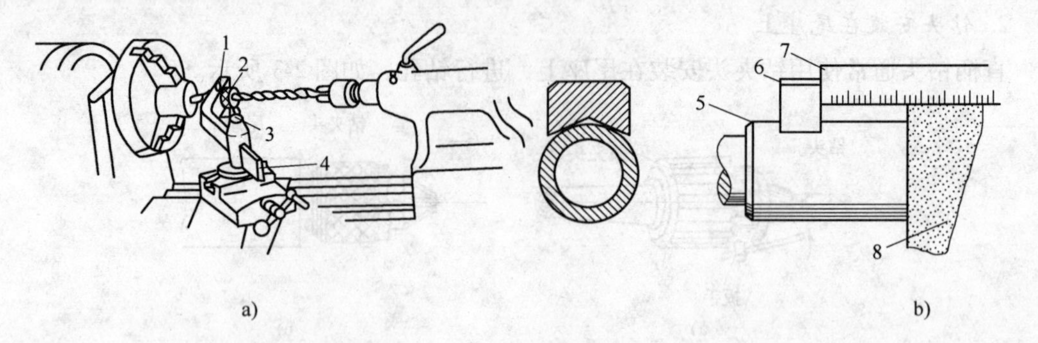

图 2-6 深度控制法钻孔

a）钻头套导向确定孔深 b）金属直尺测量钻孔深度

1—螺钉 2—钻套 3—支柱 4—支承板 5—套筒 6—磁性 V 形铁 7—金属直尺 8—尾座

2. 钻孔深度要求准确时的控制方法

1）利用床鞍上刻度盘结合小滑板刻度盘一起控制孔深（图 2-7a）。

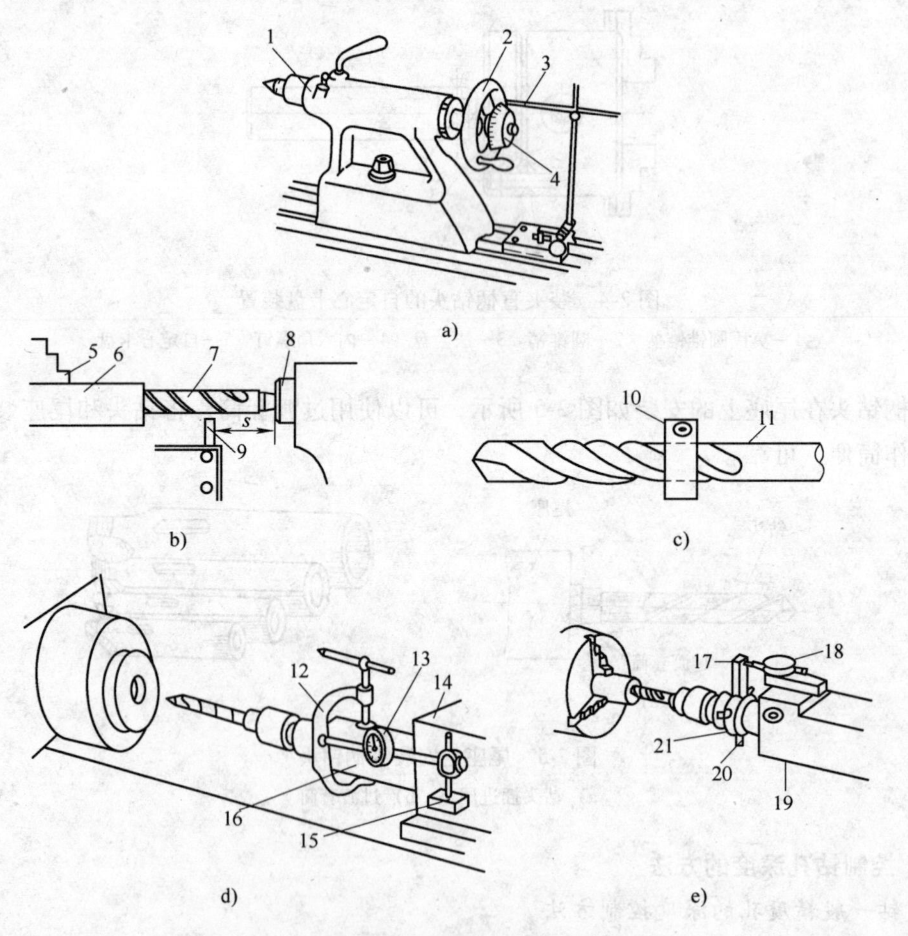

图 2-7 钻孔深度要求准确时的控制方法

1、14、19—尾座 2—手轮 3—划针 4—刻度盘 5—卡爪 6—工件 7、11—钻头 8、16—尾座套筒 9、10—定位块 12—弓形夹 13、18—百分表 15—磁性表座 17—定位板 20—螺钉 21—连接套

2）利用定位块控制孔深（图 2-7b、c）。

3）利用百分表控制孔深，这种方法是更为准确的（图 2-7d、e）。

2.1.3　操作注意事项

1）钻大直径孔时。当钢件钻孔直径 大于 30mm 时，一般要分两次钻削，即先钻出一个小孔，小孔直径约为大孔直径的一半，再换和孔径尺寸要求一致的钻头，钻削出所要求尺寸的孔。这样分次钻削能有效分担钻削负荷，减轻刀具的磨损，延长刀具的使用寿命，也提高了钻削效率。

2）在曲面或斜面上钻孔时。由于钻头起始点定心不稳，导致钻孔中心线容易引偏。为了防止以上现象的发生，可以用中心钻先钻个中心孔以用作钻头定心，也可以先把斜面錾、锪出个小平面，再正常钻孔。

3）钻通孔时。当钻头快要钻穿工件时，应适当减小进给量，防止工件钻通瞬间，钻头在没有阻力的情况下保持惯性进给，而使钻头崩刃或折断。

4）钻深孔及时。由于钻孔是在半封闭状态工作，尤其是钻深孔时钻头的冷却和散热条件都较差，因此，钻孔中应及时退出钻头排屑，否则钻头容易被切屑箍住而拧断。

5）钻孔中，当发现钻头切削刃、横刃严重磨损，钻头韧带拉毛，应及时修换钻头，如果钻头切削部分已经变暗蓝色，说明钻头已经烧损。

6）钻头钻孔时，最大的缺点就是定心不良。操作方法不当，会引起钻头引偏现象，如图 2-8 所示，防止钻头引偏的措施主要是在钻孔中心位置打上样冲眼，或者用中心钻先钻出中心孔，以利于钻头定心。

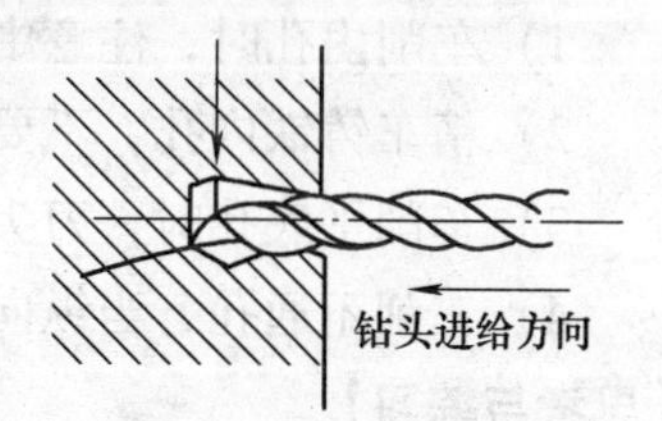

图 2-8　钻孔中出现钻头引偏现象

2.2　车直孔

学习任务

1. 掌握在车床上车直孔的方法。
2. 掌握车内孔的进刀和退刀方法。
3. 会用自定心卡盘夹紧套类工件并能找正定位。
4. 会用内径百分表和千分尺测量孔径。

2.2.1　内孔车刀的装夹

内孔车刀装夹的正确与否，直接影响车削情况和内孔的加工精度，内孔刀装夹时一般要注意以下几点：

1）刀尖与工件中心等高或稍高。如果刀尖低于工件中心，由于切削力的作用，容易将刀杆压低而产生扎刀现象，并能造成孔径扩大。

2）刀杆伸出刀架不宜过长。如果加工需要刀杆伸出长度较长，可在刀杆下面垫一块垫铁支撑刀杆。

3）刀杆要平行于工件轴线，否则车削时，刀杆容易碰到内孔表面。

2.2.2 车直孔方法

车内孔的关键问题是解决内孔车刀的刚性和切屑的排出。

对于内孔车刀刚性的问题，可以从通过增加刀杆的截面积或缩短刀杆的伸出长度来增加内孔车刀的刚性。

切屑的排出问题主要是指切屑的排出方向。精车内孔时，为了防止切屑刮伤已加工表面，应使切屑向待加工表面方向排出，车刀刃倾角应取正值。粗车内孔或不通孔时，可以使切屑向孔口方向排出，车刀刃倾角可取负值。

直孔车削基本上与外圆车削方法相同，只是进刀方向和退刀方向与车外圆相反。粗车和精车内孔时也要进行试切和试测。其试切方法和外圆试切方法相同，即根据径向余量的一半横向进给，当车刀纵向切削到2mm左右时纵向快速退刀（横向不动），然后停车进行试测。反复进行，直到孔径的精度符合要求为止。

2.2.3 操作注意事项

1）车削内孔时，注意中滑板进、退刀方向与车外圆相反。

2）精车铸铁内孔，不要用手去摸孔壁，否则将使车削困难。

3）车削平底孔时，刀尖要对准工件中心，否则孔底难以车平。

4）车削不通孔，当纵向进给快接近孔底时要改用手动进给车至孔底。

【思考与练习】

1. 内孔车刀装夹应注意哪些问题？
2. 车通孔与车不通孔有什么区别？
3. 车孔的关键技术是什么？应该如何解决？

2.3 车台阶孔

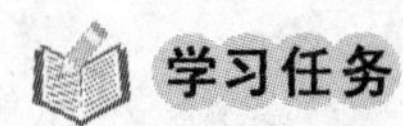

1. 掌握在车床上车台阶孔方法。
2. 掌握内孔长度的控制方法。
3. 会选择和装夹内孔车刀。
4. 会用量具测量内孔。

2.3.1 内孔车刀的装夹

车台阶孔时，内孔刀的装夹和车直孔的装夹方式相同，内偏刀的主切削刃还要和切削面之间成3°~5°的夹角，如图2-9所示，并且在车削内平面时，车刀在横向要有足够的退刀空间。

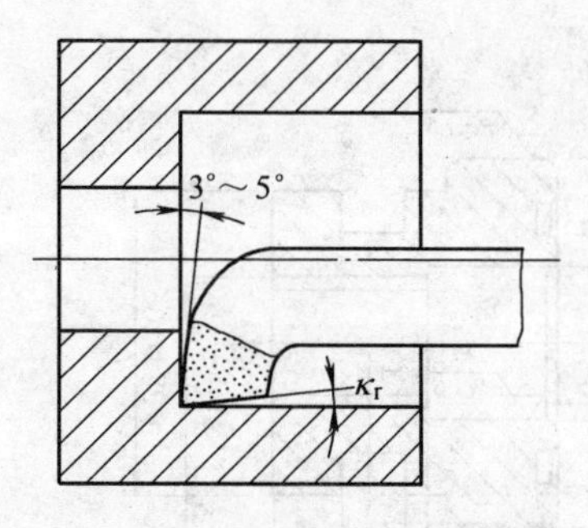

图 2-9　内偏刀的装夹要求

2.3.2　车台阶孔的方法

当台阶孔径较小时，直接观察比较困难，尺寸精度不容易掌握，可以先对小孔进行粗精车，再对大孔进行粗精车。

当台阶孔直径较大时，便于观察测量。通常是先对大孔、小孔进行粗车，然后再对大孔、小孔进行精车。

当车大、小孔的孔径相差悬殊的时候，最好选择主偏角小于 90°的车刀，对孔先进行粗车，再用内偏刀精车至所要求的尺寸。车削时需要注意的是，内偏刀的背吃刀量不能太大，否则刀尖容易损坏，所以一般不直接用来粗车内径相差悬殊的大、小孔。这样做的原因其一是因为刀尖先切入工件，受的切削阻力最大，刀尖容易碎裂，其二是因为刀杆细长，在轴向切削力的作用下，背吃刀量过大，容易使刀头振动和扎刀。

控制车孔长度的方法，粗车时一般在刀杆上刻上印痕做记号，如图 2-10a 所示，或者安放限位铜片，如图 2-10b 所示，还可以用床鞍刻度盘的刻线等方法控制车孔长度。精车时，还要使用深度游标卡尺、金属直尺等量具通过测量来保证车孔长度。

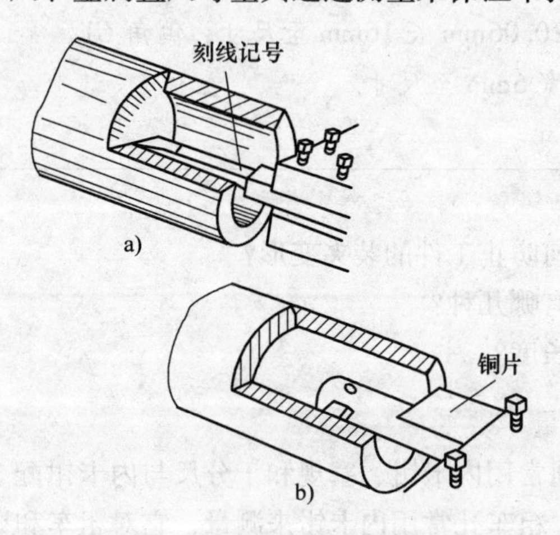

图 2-10　控制车孔长度的方法

a）在刀杆上刻上印痕做记号　b）安放限位铜片

技能操作训练

加工图 2-11 所示接头零件。

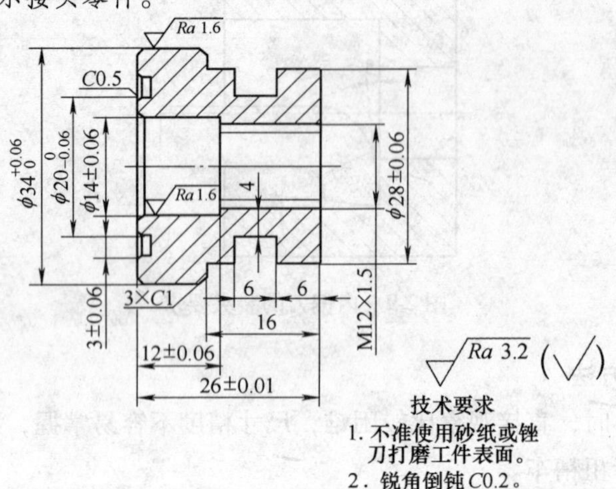

图 2-11 接头零件

参考步骤：

1）用自定心卡盘夹住毛坯外圆表面，找正夹紧，车端面，车平即可。

2）钻孔 ϕ12mm，长 11.5mm（平顶钻头）。

3）粗精车 $\phi34^{+0.06}_{0}$mm 至尺寸，倒角 $C1$。

4）车端面槽 $\phi20^{0}_{-0.06}$mm 宽 3 ±0.06mm 至尺寸。

5）粗、精车 ϕ14 ±0.06mm 长 12 ±0.06mm 至尺寸。

6）掉头车端面，保证总长 26 ±0.01mm 至尺寸。

7）钻孔，攻螺纹 M12 ×1.5mm 至尺寸。

8）粗、精车 ϕ28 ±0.06mm 长 16mm 至尺寸，倒角 $C1$。

9）车槽 ϕ20mm，宽 6mm 至尺寸。

10）检查各部分尺寸。

【思考与练习】

1. 精车内孔时，如何防止工件的装夹变形？
2. 车台阶孔的方法有哪几种？
3. 如何控制车内孔长度？

【知识拓展】 孔的尺寸测量

测量孔径的尺寸，通常用内卡钳、塞规和千分尺与内卡钳配合测量，内径百分表，内径、内测千分尺等测量。粗车孔常用内卡钳来测量，它对粗车和试车削的尺寸都能快速反应出来。对于精度要求较高的孔径可用内经百分表来测量。

1. 用内卡钳测量

用内卡钳测量孔径的方法如图 2-12 所示。

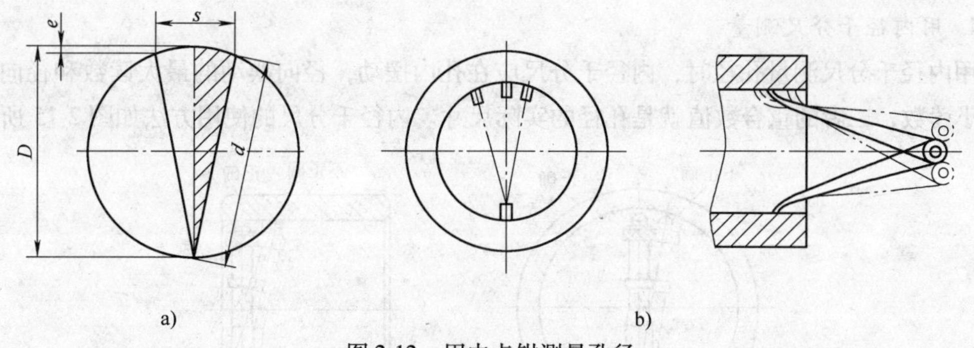

图 2-12　用内卡钳测量孔径

2. 用塞规检测

塞规是由通端和止端及柄部组成。通端按孔的下极限尺寸制成，检测时应塞入孔内。止端是按孔的上极限尺寸制成，检测时不允许塞入孔内。当通端塞入孔内，而止端塞不进孔内时，就说明该孔尺寸是在下极限尺寸和上极限尺寸之间，是合格的。

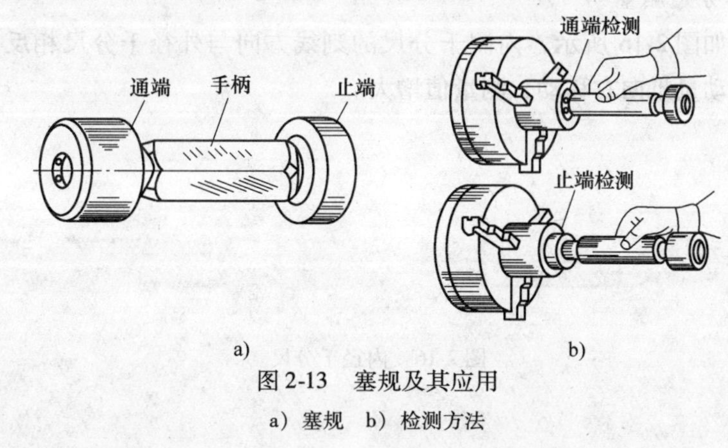

图 2-13　塞规及其应用

a）塞规　b）检测方法

3. 用内径百分表测量

内径百分表主要用于测量精度要求较高而且又较深的孔。

内径百分表是利用对比法测量孔径的。因此，测量前需根据被测工件的孔径用千分尺将内径百分表对准“零”位后，才能进行测量。测量时，将内径百分表插入工件孔内，沿被测孔的轴向方向测量三个截面，对每个截面要在相互垂直的两个部位上，各测量一次。如果百分表的指针在 0 ~ +0.06mm 范围内摆动，说明被测孔是合格的，如图 2-14 所示。

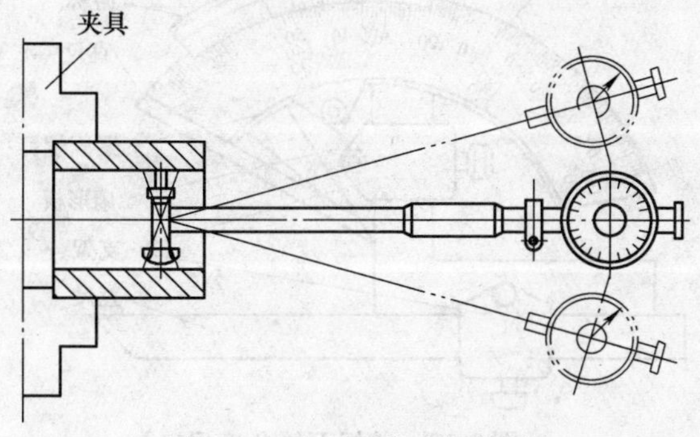

图 2-14　内径百分表的使用

4. 用内径千分尺测量

用内径千分尺测量孔径时，内径千分尺应在孔内摆动，径向摆动的最大读数和径向摆动的最小读数，二者的重合数值就是孔的实际尺寸。内径千分尺的使用方法如图 2-15 所示。

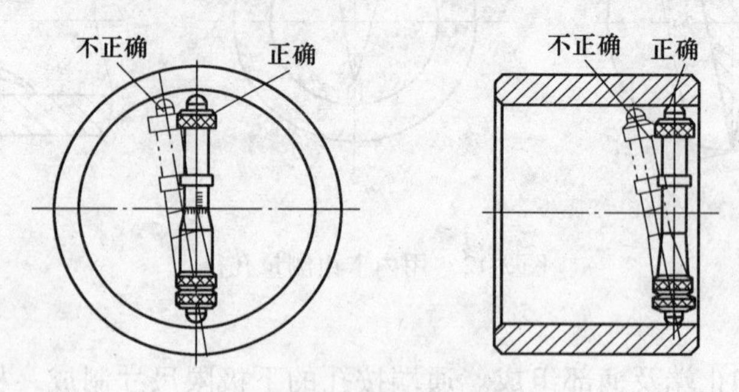

图 2-15　内径千分尺的使用方法

5. 用内径千分尺测量

内径千分尺如图 2-16 所示，内测千分尺的刻线方向与外径千分尺相反，当顺时针旋转微分筒时，活动量爪向右移动，测量值增大。

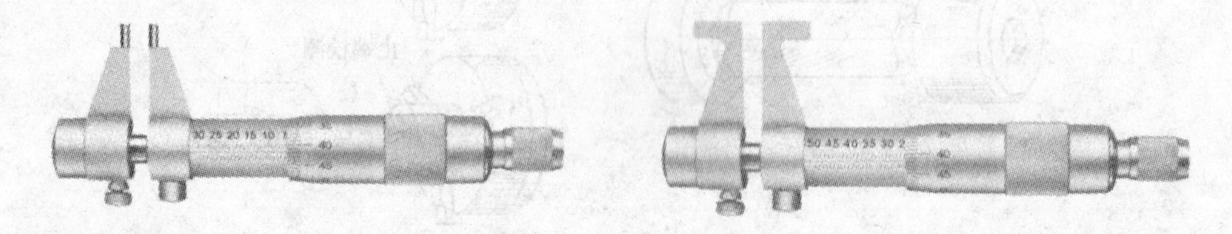
图 2-16　内径千分尺

6. 角度测量

测量角度最简单的方法是用角度样板检验。

工程实际中最常见的方法是用图 2-17 所示的游标万能角度尺对角度进行测量，其测量范围如图 2-18 所示。

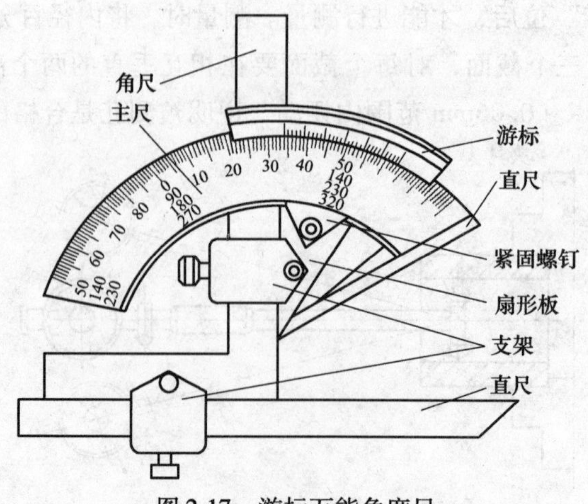

图 2-17　游标万能角度尺

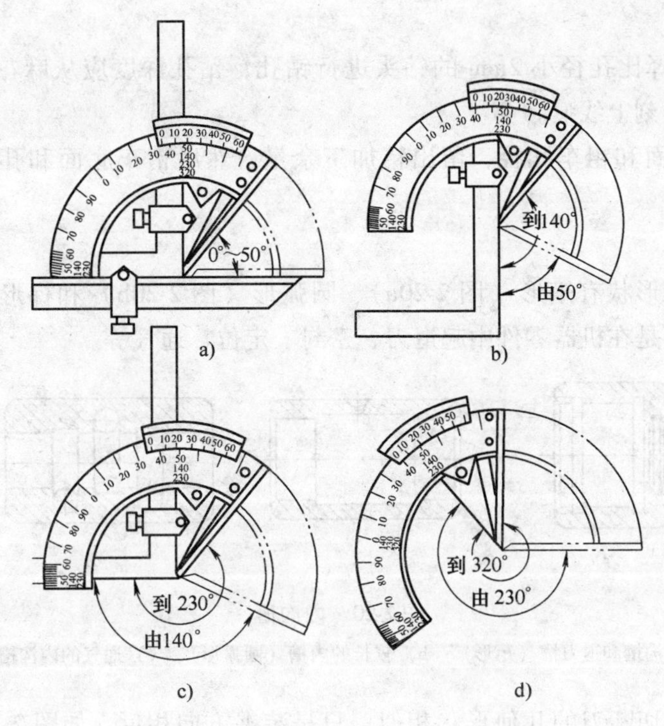

图 2-18　游标万能角度尺的测量范围

a) 0°~50°　b) 50°~140°　c) 140°~230°　d) 230°~320°

2.4　车平底孔和内沟槽

学习任务

1. 掌握在车床上加工套类零件的方法。
2. 掌握车平底孔、车内沟槽的方法。
3. 掌握几何精度的测量。

和通孔相比较平底孔的车削难度更大，技术要求也更高，即底面要平整、光洁、无凸凹不平。

2.4.1　内孔车刀的选择和装夹

刀尖和刀杆外侧间的距离 a 应该小于内孔半径 R，如图 2-19 所示，防止车削时刀尖还没到工件旋转中心，刀杆与孔壁相撞。

平底孔车刀的装夹与车台阶孔车刀的装夹相同，但是刀尖的高低要严格对准工件的旋转中心。否则内孔底面不能够车平。

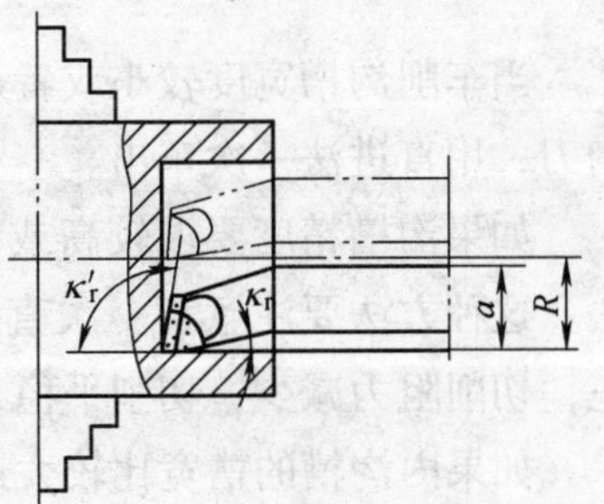

图 2-19　平底孔车刀

2.4.2 车平底孔

1）钻孔。选择比孔径小 2mm 的钻头进行钻孔，钻孔深度应从麻花钻横刃处开始测量，并在麻花钻上刻上线痕。

2）粗车底平面和粗车孔径，留出精加工余量，然后精车底面和孔径到图样要求的尺寸。

2.4.3 车内沟槽

内沟槽的截面形状有矩形（图 2-20a）、圆弧形（图 2-20b）和梯形（图 2-20c）等。内沟槽的作用主要是在机器零件中起退刀、密封、定位、通气等。

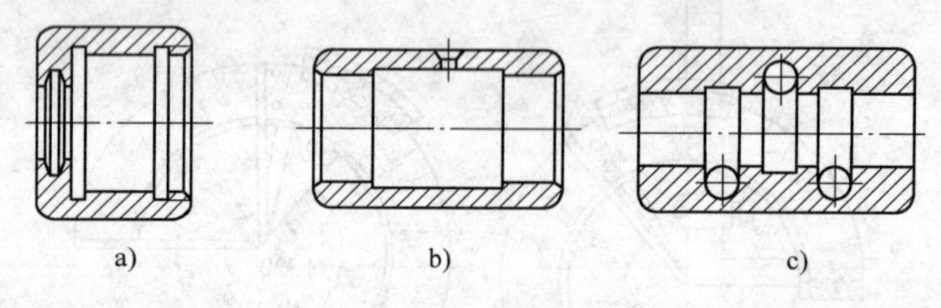

图 2-20 内沟槽

a）梯形内沟槽和退刀槽（矩形） b）较长的内槽（圆弧形） c）通气的内沟槽（梯形）

内沟槽车刀与切断刀的几何形状相似，只是装夹方向相反，如图 2-21 所示，并且是在内孔中车槽。

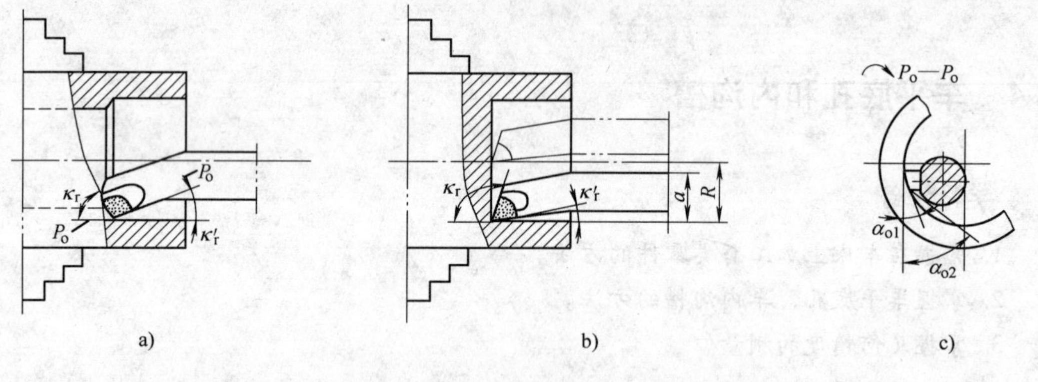

图 2-21 内沟槽车刀

a）通孔车刀 b）不通孔车刀 c）两个后角

当车削沟槽宽度较小或者是精度要求不高的窄内沟槽，可以采用刀宽等于槽宽的内沟槽刀，用直进法一次车出。

如果沟槽精度要求较高或者是沟槽较宽时，可以采用直进法分两次车出即二次直进法。这种方法要注意第一次直进车削时，要在槽壁和槽底留少许余量，第二次用刀宽修正，切削阻力减少，切削平稳，容易保证槽底和宽的精度要求。

如果内沟槽的槽宽比较大还可以用尖头内孔车刀初车成形，再用内沟槽车刀修正槽侧壁和槽底，这种方法要注意沟槽宽度要靠刻度盘上的刻线来控制。

2.4.4　内沟槽的测量方法

1. 内沟槽的直径测量

内沟槽的直径测量可以使用弹簧内卡钳，如图 2-22a 所示。测量时先将弹簧内卡钳受缩后放进内沟槽，再用调节螺钉把钳口调整到松紧适当，在不动调整螺钉的前提下，把卡钳从沟槽中取出，再用千分尺测量出卡钳张开的距离，就是所测的沟槽直径。这种方法既麻烦又难以保证测量精度。比较好的内沟槽直径测量方法是使用带弯脚的游标卡尺直接测量内沟槽的直径，如图 2-22b 所示，这时卡尺的读数和卡脚的尺寸之和就是被测内沟槽的直径。

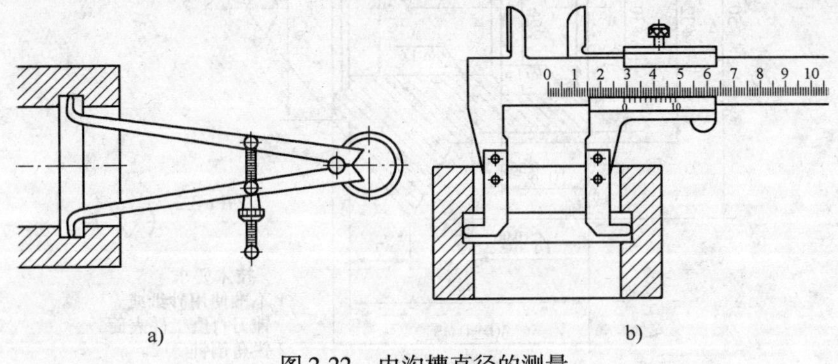

图 2-22　内沟槽直径的测量

a）弹簧内卡钳的使用　b）弯脚游标卡尺的使用

2. 内沟槽的轴向位置检验

内沟槽的轴向尺寸可以用钩形深度游标卡尺来测量，如图 2-23 所示。

3. 内沟槽的宽度测量

内沟槽的宽度可以采用样板来测量，如图 2-24 所示。

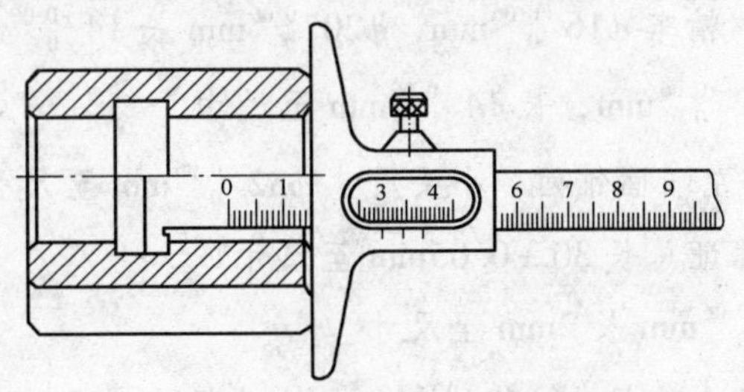

图 2-23　内沟槽轴向位置的检验方法

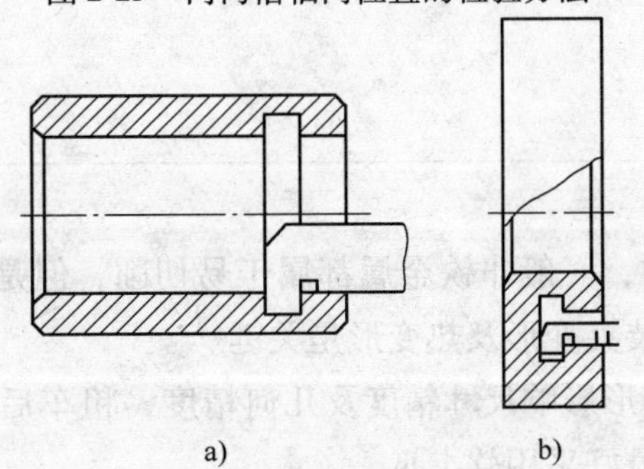

图 2-24　用样板测量槽宽

a）测量内沟槽宽度　b）测量梯形槽和轴向位置

技能操作训练

加工图2-25所示零件。

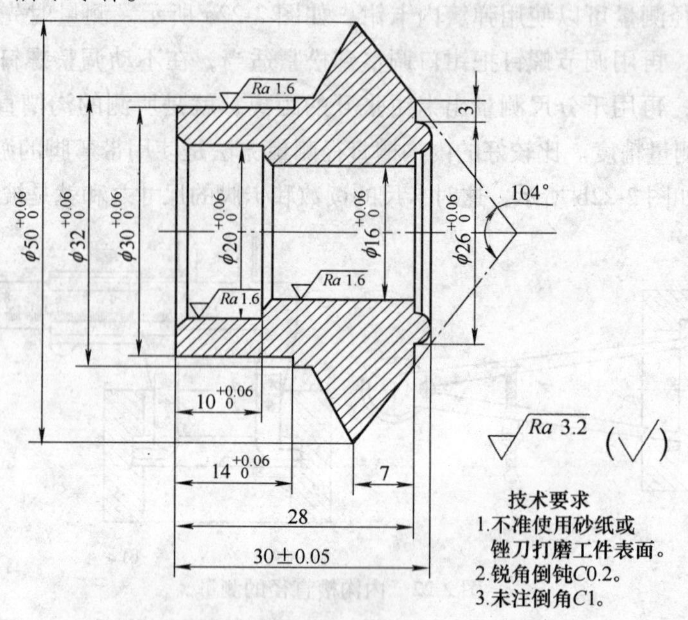

图2-25 技能训练用零件

参考步骤：

1）用自定心卡盘夹住毛坯外圆，找正、夹紧。粗车外圆 ϕ52mm，长40mm。

2）夹 ϕ52mm 外圆，找正夹紧车端面。

3）钻通孔，粗车、精车 $\phi 16^{+0.06}_{0}$mm，$\phi 20^{+0.06}_{0}$mm 长 $14^{+0.06}_{0}$mm 至尺寸，倒角 $C1$。

4）粗车、精车 $\phi 32^{+0.06}_{0}$mm，长 $14^{+0.06}_{0}$mm 至尺寸。

5）粗车、精车52°左端面锥面，小头尺寸 $\phi 32^{+0.06}_{0}$mm 至尺寸。

6）掉头车端面，保证总长30±0.05mm 至尺寸。

7）粗、精车 $\phi 26^{+0.06}_{0}$mm 长2mm 至尺寸。

8）粗、精车右锥面大头尺寸 $\phi 50^{+0.06}_{0}$mm，小头尺寸 ϕ32mm 至尺寸。

9）车内孔至尺寸。

10）检查各部分尺寸。

2.4.5 操作注意事项

1）在切削工艺分类中，一般非铁金属都属于易切削，但是该零件材质较低，加工精度要求又较高，因此防止装夹变形及热变形是关键。

2）为防止工件的热变形影响尺寸精度及几何精度，粗车后一定要待工件冷却后才能精车。精车时，夹紧工件最好采用软卡爪。

3）铜套的加工顺序安排如下：粗车外圆→粗车内孔→精车外圆→精车内孔→掉头装

夹→精车外圆→精车内孔。

4）毛坯壁较厚时，可选择外圆为粗基准，用自定心卡盘装夹（因切削阻力小，夹紧力不必太大），粗车外圆及内孔。

5）精车内孔时，为防止夹紧变形，工件可采用轴向夹紧夹具来装夹。

6）精车外圆时，工件可用内孔为定位基准，用心轴装夹。

项目三　加工螺纹零件

3.1　认识螺纹

学习任务

1. 掌握螺纹的要素，标记。
2. 了解螺纹的种类用途。
3. 掌握螺纹参数的计算方法。

3.1.1　螺纹要素

螺纹如图 3-1 所示，其基本要素如下：

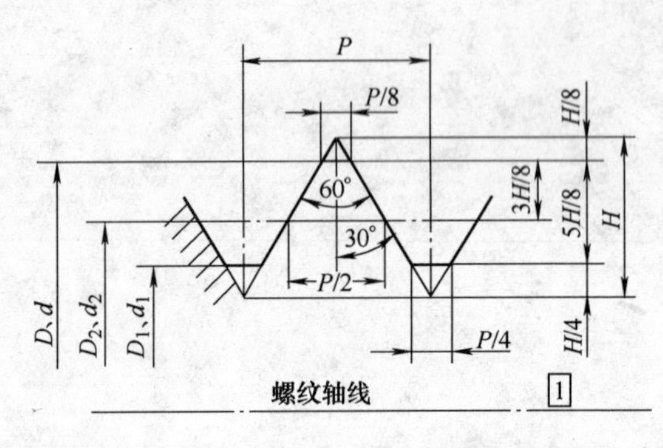

D—内螺纹大径(公称直径);
d—外螺纹大径(公称直径);
D_2—内螺纹中径;
d_2—外螺纹中径;
D_1—内螺纹小径;
d_1—外螺纹小径;
P—螺距;
H—原始三角形高度。

图 3-1　螺纹

牙型：通过螺纹轴线剖面上的螺纹轮廓形状。

大径（D）：也称公称直径，是外螺纹牙顶或内螺纹牙底所在的圆柱面的直径。

螺距（P）：相邻两牙在中径线上对应两点间的轴向距离。在数值上等于相邻牙顶间的轴向距离。

导程（Ph）：同一螺旋线上相邻两牙在中径线上对应两点间的轴向距离。对于单线螺纹来说导程和螺距相等。

线数（n）：形成螺纹的螺旋线的条数。

旋向：螺旋线的旋转方向。

3.1.2　螺纹标记

螺纹标记见表 3-1。

表 3-1　螺纹标记

<table>
<tr><th colspan="2">螺纹种类</th><th>代　号</th><th>牙型角</th><th>标记举例</th><th>备　注</th></tr>
<tr><td rowspan="2">普通螺纹</td><td>粗牙</td><td rowspan="2">M</td><td rowspan="2">60°</td><td>M16-L-LH
M 表示普通螺纹，16 表示公称直径（大径）为 ϕ16mm，中径和顶径公差带代号是 6g（公称直径大于和等于 1.6mm 时，中径和顶径公差带代号为 6g 的不标），L 是旋合长度代号（L 表示长旋合长度，S 表示短旋合长度，不标为中等旋合长度），LH 表示旋向为左旋（右旋不做标记）</td><td rowspan="2">连接紧固</td></tr>
<tr><td>细牙</td><td>M16 × 1 – 5g6g
M 表示普通螺纹，1 表示螺距是 1mm（粗牙不标螺距），16 表示公称直径（大径）为 ϕ16mm，中径公差带代号是 5g，顶径公差带代号是 6g，中等旋合长度，右旋（旋向未标表示右旋螺纹）</td></tr>
<tr><td colspan="2">梯形螺纹</td><td>Tr</td><td>30°</td><td>Tr36 × 12（P 6）-7H
Tr 表示梯形螺纹，36 表示公称直径为 ϕ36mm，12（P 6）表示该螺纹是螺距为 6mm 导程为 12mm 的双线螺纹，7H 表示它是中径公差带代号为 7H 的内螺纹，右旋，中等旋和长度</td><td>双向传递动力</td></tr>
<tr><td colspan="2">锯齿形螺纹</td><td>B</td><td>33°</td><td>B40 × 8-7H
B 表示锯齿形螺纹，40 表示公称直径为 ϕ40mm，8 表示螺距为 8mm，7H 是公差带代号</td><td>单向传递动力</td></tr>
<tr><td colspan="2" rowspan="6">管螺纹</td><td rowspan="2">G</td><td rowspan="6">55°</td><td>G3A-LH
G 表示为管螺纹，该标记表示是尺寸代号为 3 的 A 级左旋圆柱外螺纹</td><td rowspan="2">55°非密封管螺纹</td></tr>
<tr><td>G2
G 表示为管螺纹，该标记表示是尺寸代号为 2 的右旋圆柱内螺纹（内螺纹不标注公差等级代号，右旋螺纹不标注旋向代号）</td></tr>
<tr><td rowspan="2">Rp、R_1</td><td>Rp 3/4 LH
尺寸代号为 3/4 的左旋圆柱内螺纹</td><td rowspan="2">55°密封管螺纹，圆柱内螺纹与圆锥外螺纹</td></tr>
<tr><td>$R_1$3
尺寸代号为 3 的右旋圆柱内螺纹</td></tr>
<tr><td rowspan="2">Rc、R_2</td><td>Rc 3/4 LH
尺寸代号为 3/4 的左旋圆锥内螺纹</td><td rowspan="2">55°密封管螺纹 第 2 部分 圆锥内螺纹与圆锥外螺纹</td></tr>
<tr><td>$R_2$3
尺寸代号为 3 的右旋圆锥内螺纹</td></tr>
</table>

3.1.3　普通螺纹基本要素的计算

普通螺纹基本要素的计算见表 3-2。

表 3-2 普通螺纹基本要素的计算

基本参数	外螺纹	内螺纹	计算公式
牙型角	α		$\alpha = 60°$
螺纹大径（公称直径）/mm	d	D	$d = D$
螺纹中径/mm	d_2	D_2	$d_2 = D_2 = d - 0.6495P$
牙型高度/mm	h_1		$h_1 = 0.5413P$
螺纹小径	d_1	D_1	$d_1 = D_1 = d - 1.0825P$

【思考与练习】

解释以下螺纹代号的含义。

M24 ×3 - 5g6g - L　　Tr42 ×12(P6) - 7H　　M36 ×3 - 6H - S - LH

3.2 车削普通螺纹

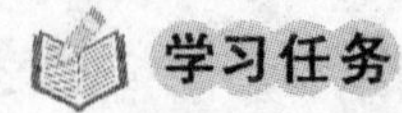

学习任务

1. 掌握安装普通螺纹车刀的方法。
2. 掌握普通螺纹车削的方法和步骤。

3.2.1 准备工作

安装螺纹车刀时，车刀的刀尖角等于螺纹牙型角 $\alpha = 60°$，其前角 $\gamma_o = 0°$ 才能保证工件螺纹的牙型角，否则牙型角将产生误差。只有粗加工时或螺纹精度要求不高时，其前角可取 $\gamma_o = 5° \sim 20°$。安装螺纹车刀时刀尖对准工件中心，并用样板对刀，以保证刀尖角的角平分线与工件的轴线相垂直，车出的牙型角才不会偏斜，如图 3-2 所示。

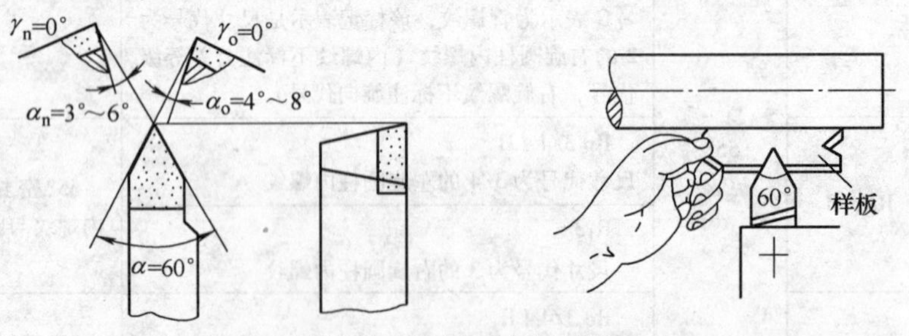

图 3-2 螺纹车刀几何角度与用样板对刀

按螺纹规格车螺纹外圆，并按所需长度刻出螺纹长度终止线。先将螺纹外径车至尺寸，然后用刀尖在工件上的螺纹终止处刻一条微可见线，以它作为车螺纹的退刀标记。

根据工件的螺距 P，查机床上的标牌，然后调整进给箱上手柄位置及配换交换齿轮箱齿轮的齿数以获得所需要的工件螺距。

确定主轴转速时，初学者应将车床主轴转速调到最低速。

3.2.2 车螺纹

确定车螺纹背吃刀量的起始位置，将中滑板刻度调到零位，开车，使刀尖轻微接触工件表面，然后迅速将中滑板刻度调至零位，以便于进给记数。

试切第一条螺旋线并检查螺距。将床鞍摇至离工件端面 8 ~ 10 牙处，横向进给 0.05mm 左右。开车，合上开合螺母，在工件表面车出一条螺旋线，至螺纹终止线处退出车刀，开反车把车刀退到工件右端；停车，用金属直尺检查螺距是否正确，如图 3-3a、b、c 所示。

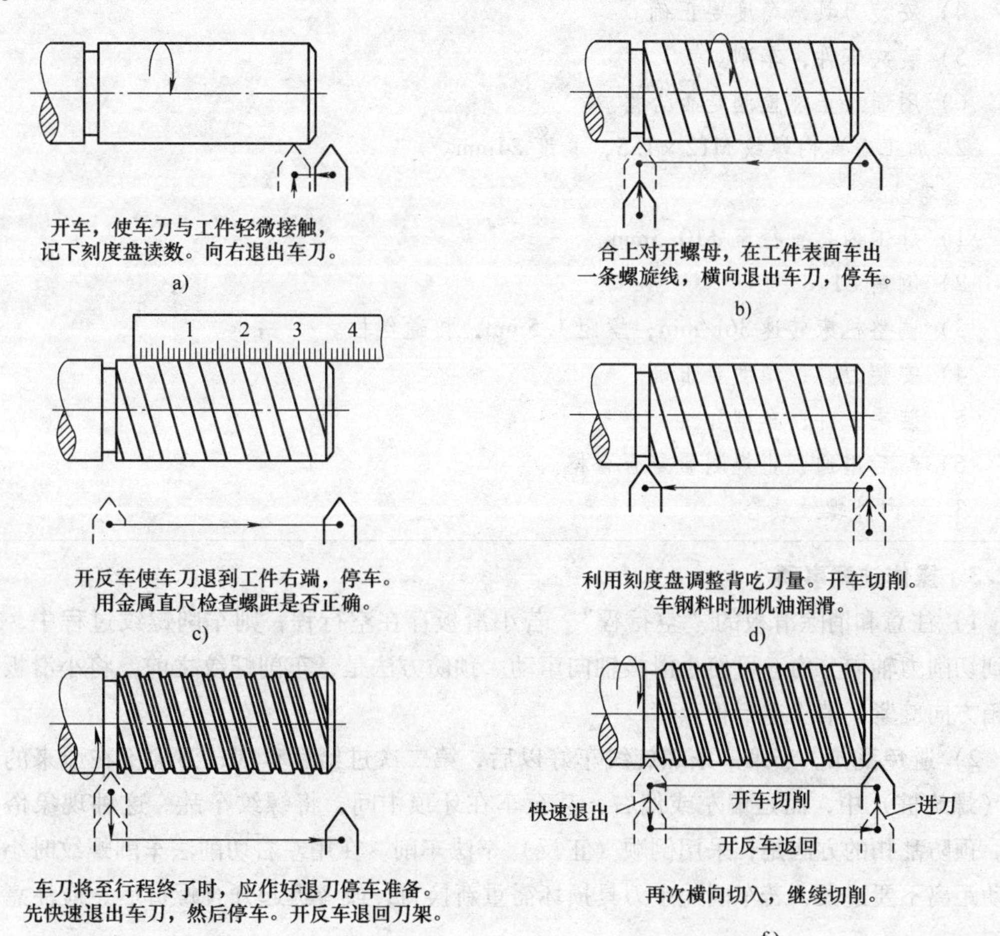

图 3-3 螺纹切削方法与步骤

用刻度盘调整背吃刀量，开车切削，如图 3-3d 所示。螺纹的总背吃刀量 a_p 与螺距的关系按经验公式 $a_p \approx 0.65P$，每次的背吃刀量约 0.1mm。

车刀将至终点时，应做好退刀停车准备，先快速退出车刀，然后开反车退出刀架，如图 3-3e 所示。

再次横向进给，继续切削至车出正确的牙型如图 3-3f 所示。

技能操作训练

1. 加工普通外螺纹 M12×1.5，长度 24mm。

参考步骤：

1）加工螺纹大径至 ϕ11.8mm。

2）倒角 *C*1，车退刀槽。

3）调整机床转速 36r/min，螺距 1.5mm，接通丝杠。

4）安装刀具，角度要正确。

5）装夹工件，车削。

6）用通、止规检测是否合格。

2. 加工普通内螺纹 M12×1.5，长度 24mm。

参考步骤：

1）加工内孔直径至 ϕ10.5mm。

2）倒角 *C*1。

3）调整机床转速 36r/min，螺距 1.5mm，接通丝杠。

4）安装刀具，角度要正确。

5）装夹工件，车削。

6）然后用通、止规测量是否合格。

3. 将内外螺纹旋合。

3.2.3 操作注意事项

1）注意和消除滑板的“空行程”。若小滑板存在空行程，则车削螺纹过程中，由于受到切削力轴向分力，可使小滑板轴向窜动。预防方法是，车削螺纹之前，将小滑板向主轴箱方向旋紧，消除空行程。

2）避免乱扣。当第一条螺旋线车好以后，第二次进给后车削，刀尖不在原来的螺旋线（螺旋桩）中，而是偏左或偏右，甚至车在牙顶中间，将螺纹车乱。这种现象俗称乱扣。预防乱扣的方法是，采用倒顺（正反）车法车削。在用左右切削法车削螺纹时小滑板移动距离不要过大，若车削途中刀具损坏需重新换刀，或者提起开合螺母后，应注意及时对刀。

3）对刀。对刀前首先要安装好螺纹车刀，然后按下开合螺母，开正车（注意应该是空走刀）停车，移动中、小滑板使刀尖准确落入原来的螺旋槽中（注意不能移动床鞍），同时根据所在螺旋槽中的位置重新做中滑板进给的记号，再将车刀退出，开倒车，将车退至螺纹头部，再进给。对刀时一定要注意是正转对刀。

4）借刀。借刀就是螺纹车削到一定深度后，将小滑板向前或向后移动一点距离再进行车削。借刀时注意小滑板移动距离不能过大，以免将牙槽车宽造成乱扣。

5）使用两顶尖装夹方法车螺纹时，若工件卸下后需再重新车削，应该先对刀，后车削以免乱扣。

6）加工螺纹时可以不加工螺纹退刀槽，但必须保证后一次车削要小于等于前次车削长度，否则后次车削吃刀太深容易崩刀。

7）低速车削螺纹，最好用高速钢车刀，转速小于100r/min。熟练以后可以采用高速车削螺纹。高速车削螺纹表面光洁，效率高。建议初学者不要使用硬质合金刀具。

8）加工外螺纹前圆柱直径通常小于螺纹公称直径0.1~0.3mm。

9）加工内螺纹前，塑性材料内孔直径 $D_{孔} \approx D-P$。脆性材料内孔直径 $D_{孔} \approx D-1.05P$。

10）其他注意事项。

① 车螺纹前先检查好所有手柄是否处于车螺纹位置，防止盲目开车。

② 车螺纹时要集中注意力，双手操作，动作迅速，反应灵敏。

③ 用高速钢车刀车螺纹时，车床主轴转速不能太快，以免刀具磨损。

④ 要防止车刀或者是刀架、滑板与卡盘、尾座相撞。

⑤ 通规检测时，应将车刀退离工件，防止车刀将手划破。不要开车旋紧或者退出通规。

⑥ 刚加工的螺纹非常锋利，不能用手去摸或用棉纱去擦。

【知识拓展】 螺纹加工方法

常用的普通螺纹工件，其螺纹除采用机械加工外，还可以用钳加工方法中的攻螺纹和套螺纹来获得。攻螺纹（也称攻丝）是用丝锥（图3-4）配以铰杠（图3-5）在工件内圆柱面上加工出内螺纹。套螺纹（或称套丝、套扣）是用板牙（图3-6）在圆柱杆上加工外螺纹。

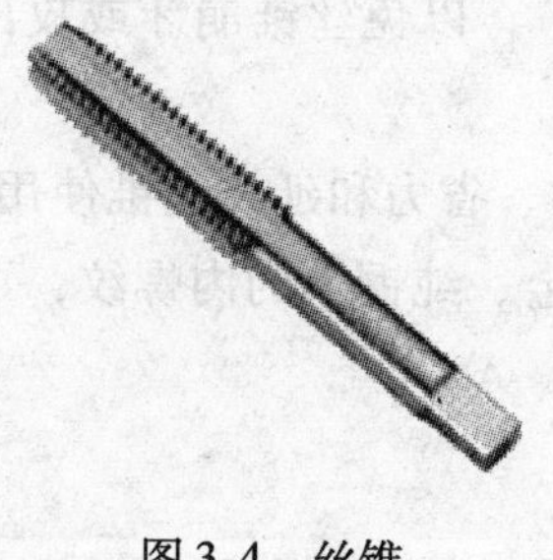

图3-4　丝锥

图3-5　铰杠

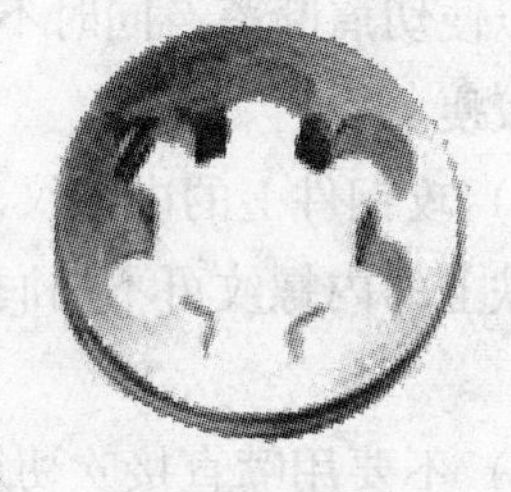

图3-6　板牙

1. 攻螺纹

丝锥是用来加工较小直径内螺纹的成形刀具，一般选用合金工具钢9SiCr，并经热处理制成。通常M6~M24的丝锥一套为两支，即头锥、二锥；M6以下及M24以上一套有三支，即头锥、二锥和三锥。

每个丝锥都有工作部分和柄部组成。工作部分由切削部分和校准部分组成。轴向有几条（一般是三条或四条）容屑槽，相应地形成几瓣刀刃（切削刃）和前角。切削部分（即不完整的牙齿部分）是切削螺纹的重要部分，常磨成圆锥形，以便使切削负荷分配在几个刀齿上。头锥的锥角小些，有5~7个牙；二锥的锥角大些，有3~4个牙。校准部分具有完整的牙齿，用于修光螺纹和引导丝锥沿轴向运动。柄部有方头，其作用是与铰杠相配合并传递转矩。

铰杠是用来夹持丝锥的工具，常用的是可调式铰杠。旋转手柄即可调节方孔的大小，以便夹持不同尺寸的丝锥。铰杠长度应根据丝锥尺寸大小进行选择，以便控制攻螺纹时的转矩，防止丝锥因施力不当而扭断。

（1）攻螺纹前钻底孔直径和深度的确定以及孔口的倒角

1）底孔直径的确定。丝锥在攻螺纹的过程中，切削刃主要是切削金属，但还有挤压金属的作用，因而造成金属凸起并向牙尖流动的现象，所以攻螺纹前，钻削的孔径（即底孔）应大于螺纹内径。底孔的直径可查手册或按下面的经验公式计算：

脆性材料（铸铁、青铜等）：钻孔直径 $d_0 = d$(螺纹外径) $-1.1P$(螺距)

塑性材料（钢、纯铜等）：钻孔直径 $d_0 = d$(螺纹外径) $-P$(螺距)

2）钻孔深度的确定。攻不通孔（盲孔）的螺纹时，因丝锥不能攻到底，所以孔的深度要大于螺纹的长度，不通孔的深度可按下面的公式计算：

孔的深度 = 所需螺纹的深度 $+0.7d$。

3）孔口倒角。攻螺纹前要在钻孔的孔口进行倒角，以利于丝锥的定位和切入。倒角的深度大于螺纹的螺距。

（2）注意事项

1）根据工件上螺纹孔的规格，正确选择丝锥，先头锥后二锥，不可颠倒使用。

2）工件装夹时，要使孔中心垂直于钳口，防止螺纹攻歪。

3）用头锥攻螺纹时，先旋入 1 ~2 圈后，要检查丝锥是否与孔端面垂直（可目测或直角尺在互相垂直的两个方向检查）。当切削部分已切入工件后，每转 1 ~2 圈应反转 1/4 圈，以便切屑断落。同时不能再施加压力（即只转动不加压），以免丝锥崩牙或攻出的螺纹齿较瘦。

4）攻钢件上的内螺纹，要加润滑油润滑，可使螺纹光洁、省力和延长丝锥使用寿命。攻铸铁上的内螺纹可不加润滑剂，或者加煤油。攻铝及铝合金、纯铜上的内螺纹，可加乳化液。

5）不要用嘴直接吹切屑，以防切屑飞入眼内。

2. 套螺纹

（1）板牙和板牙架

1）板牙是加工外螺纹的刀具，用合金工具钢 9SiCr 制成，并经热处理淬硬。其外形像一个圆螺母，只是上面钻有 3 ~4 个排屑孔，并形成切削刃。

板牙由切削部分、定位部分和排屑孔组成。圆板牙螺孔的两端有 40°的锥度部分，是板牙的切削部分。定位部分起修光作用。板牙的外圆有一条深槽和四个锥坑，锥坑用于定位和紧固板牙。

2）板牙架板牙架是用来夹持板牙、传递转矩的工具。不同外径的板牙应选用不同的板牙架。

（2）套螺纹前圆杆直径的确定和倒角

1）圆杆直径的确定。与攻螺纹相同，套螺纹时有切削作用，也有挤压金属的作用。故套螺纹前必须检查圆杆直径。圆杆直径应稍小于螺纹的公称尺寸，圆杆直径可查表或按经验公式计算。

经验公式：圆杆直径＝螺纹外径 $d-(0.13\sim0.2)P$。

2）圆杆端部的倒角。套螺纹前圆杆端部应倒角，使板牙容易对准工件中心，同时也容易切入。倒角长度应大于一个螺距，斜角为 15°～30°。

（3）注意事项

1）每次套螺纹前应将板牙排屑槽内及螺纹内的切屑清除干净。

2）套螺纹前要检查圆杆直径大小和端部倒角。

3）套螺纹时切削力矩很大，易损坏圆杆的已加工面，所以应使用硬木制的 V 形槽衬垫或用厚铜板作保护片来夹持工件。工件伸出钳口的长度，在不影响螺纹要求长度的前提下，应尽量短。

4）套螺纹时，板牙端面应与圆杆垂直，操作时用力要均匀。开始转动板牙时，要稍加压力，套入 3～4 牙后，可只转动而不加压，并经常反转，以便断屑。

5）在钢制圆杆上套螺纹时要加机油润滑。

【思考与练习】

加工配合件中 M12×1.5 普通螺纹，各参数达到尺寸要求。并保证配合后轴向间隙不大于 0.2mm。

3.3 普通螺纹的质量分析

学习任务

1. 了解螺纹废品的产生原因，能够根据实际情况分析螺纹质量产生问题的原因。
2. 掌握产生废品的预防措施。

螺纹加工质量分析见表 3-3。

表 3-3 螺纹加工质量分析

废品类型	产生原因	预防措施
牙型不正确	1. 车刀刃磨不正确，角度不对 2. 车刀安装不正确，偏斜 3. 车刀磨损	1. 重新刃磨或更换车刀 2. 重新装夹，使用样板对刀 3. 合理选择切削用量，修磨车刀
中径不正确	1. 车刀切入深度不够 2. 刻度盘使用不当	1. 经常测量，切入到位 2. 正确使用刻度盘
螺距不正确	1. 机床调整不正确 2. 传动系统间隙过大，手柄位置不准确 3. 车削过程中开合螺母自动抬起	1. 重新调整机床 2. 调整机床传动系统间隙和手柄位置 3. 螺母磨损，修复或可以挂重物防止其自动抬起

（续）

废品类型	产生原因	预防措施
大径不一致（大头）	1. 工件伸出太长，挠度大 2. 吃刀太深	1. 减小工件伸长量或加顶尖 2. 合理选择切削参数
表面粗糙	1. 刀具刚度不够引起振动 2. 有积屑瘤 3. 工件刚度低，切削量太大 4. 高速切削时最后一刀太小拉毛工件或切削拉毛工件	1. 减小刀杆伸长量使用粗刀杆 2. 使用高速钢车刀时降低转速 3. 减小切削量 4. 高速切削螺纹，最后一刀切削量应大于0.1mm. 并垂直排屑

操作注意事项：

车削螺纹前，需将以上产生误差的预防措施，逐步依次检查过后再开动机床加工。问题分析虽是单独列出，但加工之前要确保各要素都达标之后，才能加工出合格的产品。

【思考与练习】

1. 加工 M12×1.5 螺纹至合格。
2. 车削螺纹中产生表面粗糙度值过大的原因及其预防措施是什么？
3. 车削螺纹中产生牙型不正确的原因及其预防措施是什么？
4. 车削螺纹中产生螺距误差的原因及其预防措施是什么？

3.4 车削梯形螺纹

学习任务

1. 掌握梯形螺纹的车削方法，能够车削合格的梯形螺纹。
2. 能够根据实际情况分析螺纹质量产生问题的原因。

梯形螺纹较之普通螺纹，其螺距和牙型都大，而且精度高，牙型两侧面的表面粗糙度值较小，致使车削梯形螺纹时，背吃刀量大，进给速度快，切削余量大，切削力大。这就导致了梯形螺纹的车削加工难度较大，容易产生扎刀现象。

3.4.1 梯形螺纹的车削方法

车削梯形螺纹时，通常采用高速钢材料刀具进行低速车削。低速车削梯形螺纹一般有如图 3-7 所示的四种进给方法，即直进法、左右切削法、车直槽法和车阶梯槽法。通常直进法只适用于车削螺距较小（$P<4$mm）的梯形螺纹，而粗车螺距较大（$P>4$mm）的梯形螺纹常采用左右切削法、车直槽法和车阶梯槽法。此外，常用的车削梯形螺纹的方法还有分层法。

1. 直进法

直进法也称切槽法，如图 3-7a 所示。车削螺纹时，只利用中滑板进行横向（垂直于导轨方向）进给，在几次行程中完成螺纹车削。这种方法虽可以获得比较正确的牙型，操作也很简单，但由于刀具三个切削刃同时参加切削，振动比较大，牙侧容易拉出毛刺，不

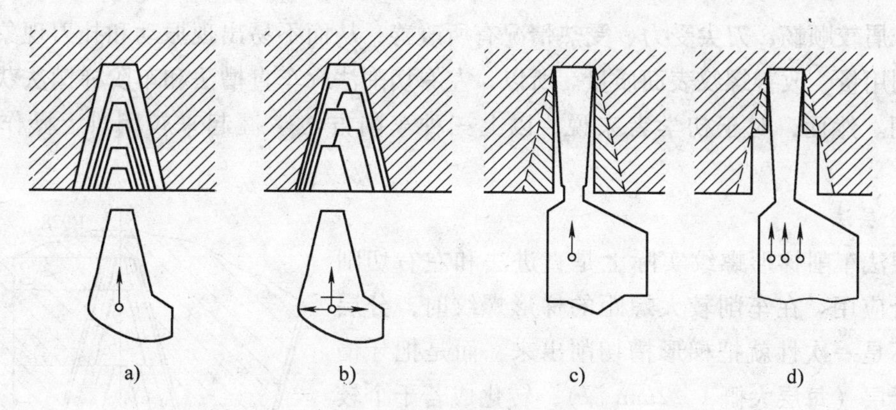

图 3-7　梯形螺纹的车削方法

a）直进法　b）左右切削法　c）车直槽法　d）车阶梯槽法

易得到较好的表面品质，并容易产生扎刀现象，因此，它只适用于螺距较小的梯形螺纹车削。

2. *左右切削法*

左右切削法车削梯形螺纹时，除了用中滑板刻度控制车刀的横向进给外，同时还利用小滑板的刻度盘控制车刀的左右微量进给，直到牙型全部车好，如图 3-7b 所示。用左右切削法车螺纹时，由于是车刀两个主切削刃中的一个在进行单面切削，避免了三刃同时切削，所以不容易产生扎刀现象。另外，精车时尽量选择低速（v_c =4 ~7m/min），并浇注切削液，一般可获得很好的表面质量。实际操作过程中，要根据实际情况，一边控制左右进给量，一边观察切屑的情况。如果排出的切屑很薄，就可采用光整加工，使车出的螺纹表面精度很高。但左右切削法操作比较复杂，小滑板左右微量进给时由于空行程的影响易出错，而且中滑板和小滑板同时进给，两者的进给量大小和比例不易固定，每刀切削量不好控制，牙型也不易车得清晰。所以，左右切削法对操作者的操作熟练程度和切削技能要求较高，不适合初学者学习和掌握。

3. *车直槽法*

车直槽法车削梯形螺纹时一般选用刀头宽度稍小于牙槽底宽的矩形螺纹车刀，采用横向直进法粗车螺纹至小径尺寸（每边留有 0.2 ~0.3mm 的余量），然后换精车刀修整，如图 3-7c 所示。这种方法简单、易懂、易掌握，但是在车削较大螺距的梯形螺纹时，刀具因其刀头狭长，强度不够而易折断；切削的沟槽较深，排屑不顺畅，致使堆积的切屑把刀头“砸掉”；进给量较小，切削速度较低，因而很难满足梯形螺纹的车削需要。

4. *车阶梯槽法*

为了减轻直槽法车削时刀头的损坏程度，可以采用车阶梯槽法，如图 3-7d 所示。此方法同样也是采用矩形螺纹车刀进行车槽，只不过不是直接车至小径尺寸，而是分成若干刀切削成阶梯槽，最后换用精车刀修整至所规定的尺寸。这样切削排屑较顺畅，方法也较简单，但换刀时不容易对准螺旋直槽，很难保证正确的牙型，容易产生乱牙的现象。

综上所述，除直进法外，其他三种车削方法都能不同程度地减轻或避免三刃同时切削，使排屑较顺畅，刀尖受力、受热情况有所改善，从而不易出现振动和扎刀现象，还可提高切削用量，改善螺纹表面质量。所以，左右切削法、车直槽法和车阶梯槽法获得了广泛的应用。然而，对于初学者来说，以上三种车削方法掌握起来较困难，操作起来较繁琐。

5. 分层法

分层法车削梯形螺纹实际上是直进法和左右切削法的综合应用。在车削较大螺距的梯形螺纹时，分层法通常不是一次性就把梯形槽切削出来，而是把牙槽分成若干层（每层大概 1 ~ 2mm 深），转化成若干个较浅的梯形槽来进行切削，从而降低了车削难度。每一层的切削都采用先直进后左右的车削方法，由于左右切削时槽深不变，刀具只需做向左或向右的纵向（沿导轨方向）进给，如图 3-8 所示，因此它比左右切削法要简单和容易操作得多。

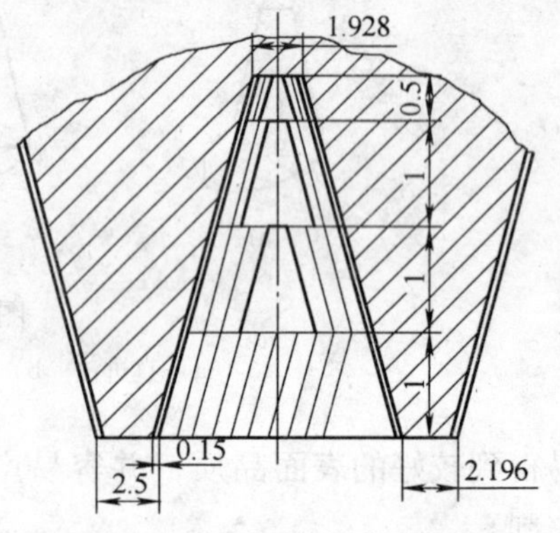

图 3-8 分层法车削梯形螺纹

梯形螺纹的计算公式及其参数值见表 3-4。下面就以车削 Tr36 ×6 －7e 为例，介绍分层法车削梯形螺纹。

（1）选择刀具 分层法车削梯形螺纹所用的粗车刀和精车刀与其他加工方法基本相同，只是粗车刀的刀头宽度（$w_{刀}$ = 1. 2 ~ 1. 5mm）小于牙槽底宽（w = 1. 928mm），刀具刀尖角（α_r = 29° ~ 29°30′）略小于梯形螺纹牙型角（α = 30°）。

（2）操作步骤

1）粗、精车梯形螺纹大径（$\phi 36_{-0.375}^{\ 0}$ mm）且倒角与端面成 15°。这里螺纹大径也可留有 0. 15mm 左右的修整余量，以便螺纹精车完后，发现牙顶有撕裂和变形时可以进行修整。

2）用梯形螺纹粗车刀直进法大概车至 1/3 牙槽深处（h_1 = 1mm），因为背吃刀量不大，切削力较小，一般不会产生振动和扎刀，如图 3-8 和图 3-9a 所示。此时，中滑板停止进给而做横向进给（车刀每次进到原来的背吃刀量），只用小滑板使车刀向左或向右作微量进给，进给量为 0. 2 ~ 0. 4mm，进给次数视具体情况而定，以较快的速度将牙槽拓宽如图 3-9b 所示。拓宽后牙顶宽 f'（f' 为 2. 5mm 左右）应大于理论计算值 f（f = 2. 196mm），

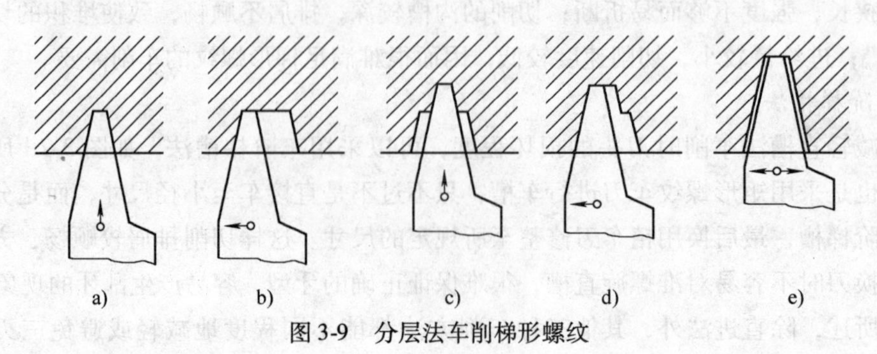

图 3-9 分层法车削梯形螺纹

保证螺纹两侧面留有0.15mm左右的精车余量。

3）将车刀刀头退回至第一层拓宽牙槽的中间位置（只需将小滑板退回借刀格数的一半），接着再用直进法切削第二层，大概车至2/3牙槽深处（$h_2=2\text{mm}$），如图3-9c所示，然后中滑板停止横向进给，用左右切削法拓宽牙槽，如图3-9d所示。拓宽牙槽时，应把第二层的两牙槽侧面与第一层的重合，注意不要再次车削到第一层牙槽的侧面，否则牙顶的精车余量就可能不够了。

4）重复上述步骤，继续用直进法和左右切削法车至第三层（牙高$h_3=3\text{mm}$）和第四层（牙高$h_4=3.5\text{mm}$左右，$d_3=\phi29_{-0.537}^{\ 0}\text{mm}$），然后拓宽牙槽（图3-8）。分层法车削的次数可以为两次、三次，甚至更多次，具体情况视螺距的大小、车刀强度等而定。

5）换用精车刀分别精车螺纹的左右两牙侧，如图3-9e所示，一般先精车好牙槽一侧，再精车牙槽另一侧，并同时保证螺纹中径尺寸精度和两牙侧表面粗糙度等技术要求。

从以上加工过程可以看出，分层法车削梯形螺纹有以下一些优点：

① 操作相对简单，容易理解和掌握。

② 基本上克服了三面切削、排屑困难、容易扎刀等问题。

③ 能得到较清晰的牙型，能加大切削用量以提高生产效率，同时容易保证尺寸精度和获得较好的表面粗糙度。

3.4.2　梯形螺纹基本要素的计算

梯形螺纹基本要素的计算见表3-4。

表3-4　梯形螺纹基本要素的计算

名　称	代　号		计算公式及参数值/mm		
牙型角	α		$\alpha=30°$		
螺距	P				
牙顶间隙	p/mm	1.5~5	6~12		14~44
	a_c/mm	0.25	0.5		1
大径	d		公称直径（$\phi36_{-0.375}^{\ 0}$）		
中径	d_2		$d_2=d-0.5P=\phi33_{-0.473}^{-0.118}$		
小径	d_3		$d_3=d-2h_3=\phi29_{-0.537}^{\ 0}$		
牙高	h_3		$h_3=0.5P+a_c=3.5$		
牙顶宽	f		$f=0.366P=2.196$		
牙槽底宽	w		$w=0.366P-0.536a_c$		

技能操作训练

据螺纹标记Tr42×10，计算牙高h_3和牙底宽w，w'，并车削该梯形螺纹。

解： 已知公称直径$d=42\text{mm}$，螺距$P=10\text{mm}$，$a_c=0.5\text{mm}$。查表根据公式得

$$h_3=0.5P+a_c=0.5\times10\text{mm}+0.5\text{mm}=5.5\text{mm}$$

$$w=w'=0.366P-0.536\ a_c=0.366\times10\text{mm}-0.536\times0.5\text{mm}=3.392\text{mm}$$

1）牙高 $h_3$5.5mm 表示，螺纹刀从开始到切削完毕进给 5.5mm，牙底宽 w，w' 为 3.392mm 表示如果用一把刀直进法加工，刀尖宽度不能大于 3.392mm。

2）安装车刀，调整好角度。

3）按照进给方法分层进行切削，直到进给达到 5.5mm。

4）测量牙底宽如果小于 3.392mm，则左右修正直到达标。

5）测量。

6）质量分析参考普通螺纹质量分析。

3.4.3 操作注意事项

1）不准在开车时使用棉纱擦拭工件，以免发生安全事故。

2）车螺纹时，选择较小切削用量，减小工件变形，同时充分使用切削液。

3）一夹一顶装夹工件时，应在切削螺纹之前，使床鞍与尾座套筒之间的距离足够安全，以防车刀返回时床鞍与尾座相撞。

4）大径由千分尺或游标卡尺测量，小径一般由进给深度来保证。

【思考与练习】

加工 Tr42×6 的梯形螺纹，各参数符合要求。

【知识拓展】 矩形（方牙）螺纹加工

矩形螺纹一般采用低速车削。车削 $P<4$mm 的矩形螺纹，一般不分粗、精车，用直进法使用一把车刀完成。车削螺距 $P=4\sim12$mm 的螺纹时，先用直进法粗车，两侧各留 0.2～0.4mm 的余量，再用精车刀采用直进法精车，如图 3-10a 所示。

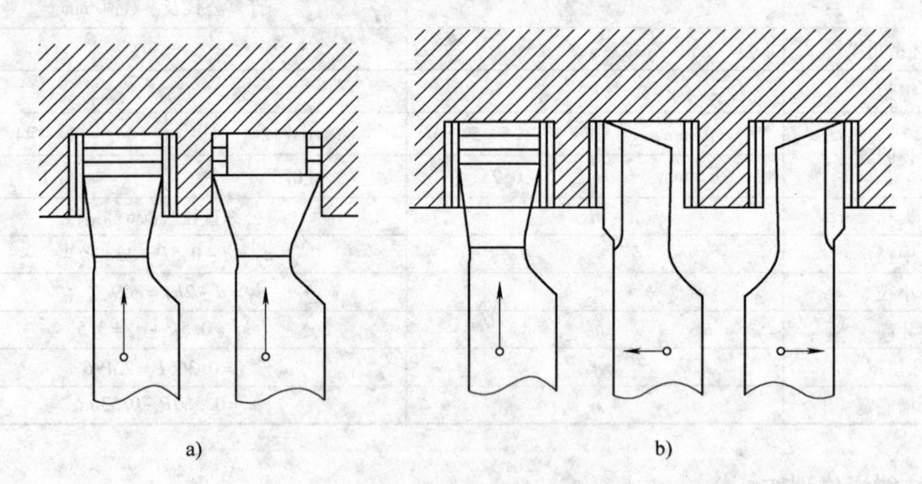

图 3-10 低速车削矩形螺纹

a）直进法 b）左右车削法

车削大螺距（$P>12$mm）的矩形螺纹，粗车时用刀头宽度较小的矩形螺纹车刀采用直进法切削，精车时用两把类似左右偏刀的精车刀，分别精车螺纹的两侧面，如图 3-10b 所示，但是，要严格控制牙槽宽度。

中径可用三针测量法或单针测量法来确定，见表3-5。

表3-5　*M*值及量针直径的简化计算公式

螺纹牙型角	*M*值计算公式	量针直径 d_D		
		最　大　值	最　佳　值	最　小　值
29°（寸制蜗杆）	$M=d_2+4.994d_D-1.933P$		$0.516P$	
30°（梯形螺纹）	$M=d_2+4.864d_D-1.866P$	$0.656P$	$0.518P$	$0.486P$
40°（蜗杆）	$M=d_1+3.924d_D-4.316m_x$	$2.446m_x$	$1.675m_x$	$1.61m_x$
55°（寸制螺纹）	$M=d_2+3.166d_D-0.961P$	$0.894P-0.029$	$0.564P$	$0.481P-0.016$
60°（普通螺纹）	$M=d_2+3d_D-0.866P$	$1.01P$	$0.577P$	$0.505P$

3.5　车削蜗杆

学习任务

1. 了解蜗杆蜗轮传动的特点。
2. 了解蜗杆的种类、常用材料，掌握蜗杆的各部分的计算方法。
3. 会计算车蜗杆时的交换齿轮。
4. 了解蜗杆车刀的种类、作用，能够刃磨蜗杆车刀。
5. 掌握蜗杆车刀的安装。
6. 掌握蜗杆车削方法，能加出工符合要求的蜗杆。
7. 能分析加工中出现的问题。

蜗杆蜗轮传动如图3-11所示，常用于两轴交错的机械传动中。其特点是减速比大，体积小，结构紧凑，能够实现单向动力传递等优点。缺点是效率较低。为了减小磨损，蜗轮的材料一般用青铜，蜗杆采用中碳钢或合金钢。蜗轮一般在滚齿机床上加工，蜗杆一般采用车削。

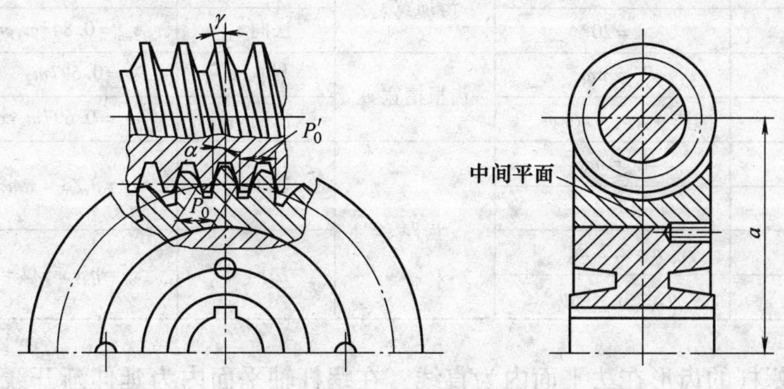

图3-11　米制蜗杆的工作图

3.5.1 蜗杆的基本要素及其计算

蜗杆分米制（齿型角为40°）和寸制（齿形角为29°）两种，我国大多采用米制蜗杆。

常见米制蜗杆按照齿廓形状，分为轴向直廓（图3-12a）和法向直廓（图3-12b）两种。

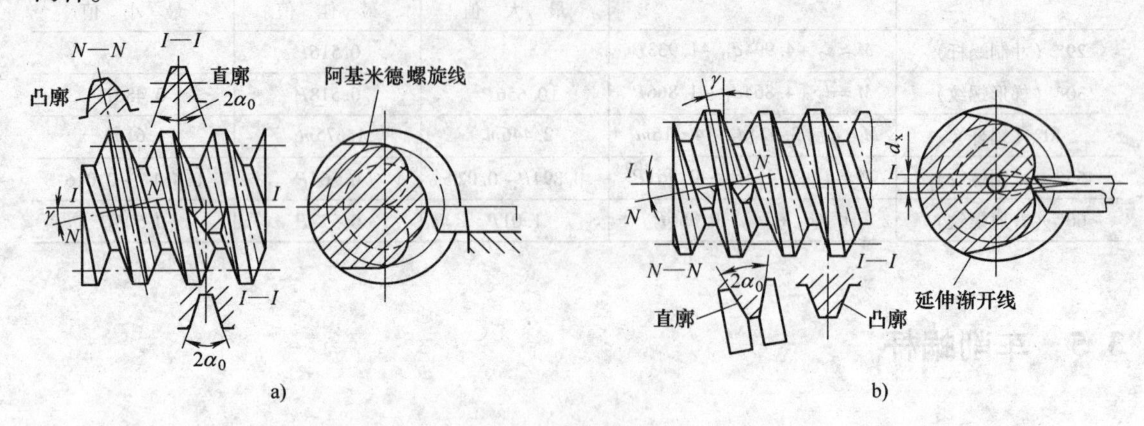

图3-12 蜗杆齿形的种类

a）轴向直廓 b）法向直廓

轴向直廓蜗杆的齿形在蜗杆轴平面内为直线，在法平面内为曲线，在端面内为阿基米德螺旋线，因此又称阿基米德蜗杆。机械行业中最常用的是阿基米德蜗杆，这种蜗杆的加工比较简单，若图样上没有特别标明蜗杆的齿形，则均为轴向直廓蜗杆。各部分尺寸计算见表3-6。

表3-6 蜗杆的各部分尺寸

名称	计算公式	名称		计算公式
轴向模数 m_x	基本参数	齿根圆直径 d_f		$d_f = d_1 - 2.4m_x$ $d_f = d_a - 4.4m_x$
头数 z_1	基本参数	导程角 γ		$\tan\gamma = \frac{Pz}{(\pi d_1)}$
分度圆直径 d_1	基本参数	齿顶宽 s_a	轴向 s_a	$s_a = 0.843m_x$
齿型角 α	$\alpha = 20°$		法向 s_{an}	$s_{an} = 0.843m_x\cos\gamma$
轴向齿距 P_x	$P_x = \pi m_x$	齿根槽宽 e_f	轴向 e_f	$e_f = 0.697m_x$
导程 P_z	$P_z = z_1 p_x = z_1 \pi m_x$		法向 e_{fn}	$e_{fn} = 0.697m_x\cos\gamma$
齿顶高 h_a	$h_a = m_x$	齿厚 s	轴向 s_x	$s_x = p_x/2 = \pi m_x/2$
齿根高 h_f	$h_f = 1.2\ m_x$			
全齿高 h	$h = 2.2\ m_x$		法向 s_n	$s_n = p_x\cos\gamma/2 = \pi m_x\cos\gamma/2$
齿顶圆直径 d_a	$d_a = d_1 + 2\ m_x$			

法向直廓蜗杆的齿形在法平面内为直线，在蜗杆轴平面内为延伸渐开线，因此又称为延伸渐开线蜗杆。

技能操作训练

车削分度圆直径 $d_1=35.5\text{mm}$，齿型角 $\alpha=20°$，轴向模数 $m_x=2\text{mm}$，头数 $z_1=1$ 的蜗杆轴，求蜗杆基本要素的尺寸。

解： 根据表3-6中的计算公式得

轴向齿距　$P_x=\pi m_x=3.1416\times2\text{mm}=6.283\text{mm}$

导程　$P_z=z_1p_x=z_1\pi m_x=1\times3.1416\times2\text{mm}=6.283\text{mm}$

齿顶高　$h_f=m_x=1\times2\text{mm}=2\text{mm}$

齿根高　$h_f=1.2\ m_x=1.2\times2\text{mm}=2.4\text{mm}$

全齿高　$h=2.2\ m_x=2.2\times2\text{mm}=4.4\text{mm}$

齿顶圆直径　$d_a=d_1+2m_x=35.5\text{mm}+2\times2\text{mm}=39.5\text{mm}$

齿根圆直径　$d_f=d_1-2.4m_x=35.5\text{mm}-2.4\times2\text{mm}=30.7\text{mm}$

轴向齿顶宽　$s_a=0.843m_x=0.843\times2\text{mm}=1.686\text{mm}$

轴向齿根槽宽　$e_f=0.697m_x=0.697\times2\text{mm}=1.394\text{mm}$

轴向齿厚　$s_x=p_x/2=6.283\text{mm}/2=3.14\text{mm}$

导程角　$\tan\gamma=\dfrac{Pz}{\pi d_1}=6.283\text{mm}/(3.1416\times35.5\text{mm})=0.056$

$\gamma=9°46'$

法向齿厚　$s_n=p_x\cos\gamma/2=6.283\text{mm}\times\cos9°46'/2=3.099\text{mm}$

3.5.2　蜗杆车刀

蜗杆车刀和梯形螺纹刀形状相似，精度要求较高，因此，车刀多数用高速钢制成。一般分为粗车车刀和精车车刀两种。

1. 蜗杆粗车刀角度选择原则（图3-13）

1）车刀左右切削刃之间的夹角要小于2倍齿型角（40°），一般为39°30′。

2）车刀材料为强度和硬度都比较好的高速钢（W18Cr4V）。

3）刃磨时，刀头宽度要小于牙槽底宽0.3~0.5mm，以便左右车削并留有精加工余量。

4）在切削钢料时，纵向前角 $\gamma_p=10°\sim15°$，纵向后角 $\alpha_p=6°\sim8°$。

5）由于螺纹升角影响较大，车刀左刃后角 $\alpha_{ol}=(3°\sim5°)+\gamma$，右刃后角 $\alpha_{or}=(3°\sim5°)-\gamma$。

6）刀尖适当倒圆，用以增加刀尖强度，一般 $R=1.5\sim3\text{mm}$。

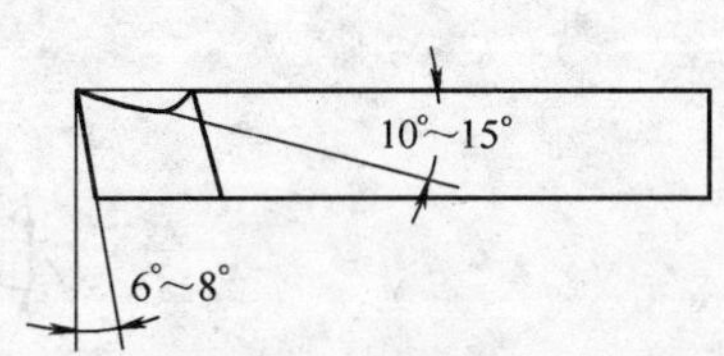

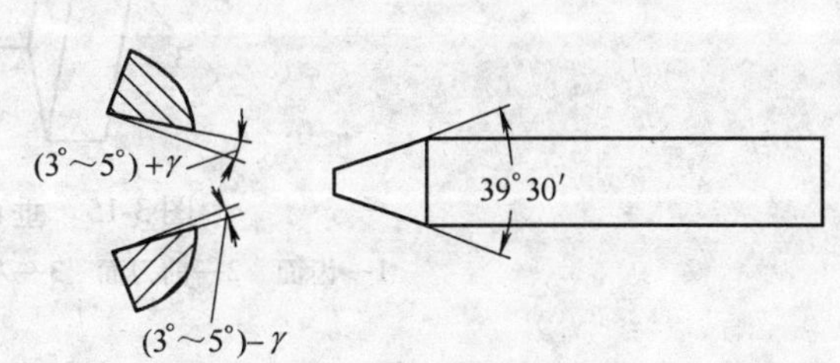

图3-13　蜗杆粗车刀

2. 蜗杆精车刀角度选择原则（图 3-14）

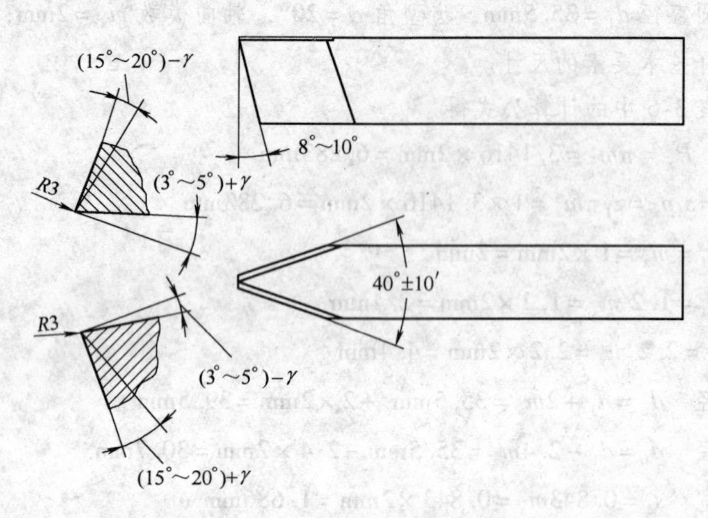

图 3-14 蜗杆精车刀

1）车刀左右切削刃之间的夹角要等于 2 倍齿型角（40°）。

2）刃磨时，刀头宽度要小于牙槽底宽 0.3 ~ 0.5mm。

3）在切削钢料时，纵向前角 $\gamma_p = 0°$，纵向后角 $\alpha_p = 6° \sim 8°$。

4）刃磨时，车刀左右切削刃直线度要好，前、后刀面的表面粗糙度数值小，$Ra \leqslant 0.4\mu m$，保证在切削过程中使多头蜗杆的牙侧获得较小的表面粗糙度值。

5）为了保证左右切削刃切削顺利，最好磨有较大前角的卷屑槽，$\gamma_o = 15° \sim 20°$。

3.5.3 蜗杆车刀的装夹

轴向直廓的蜗杆装刀时，车刀左右切削刃组成的平面应与工件轴线重合，即垂直装刀法，如图 3-15 所示。

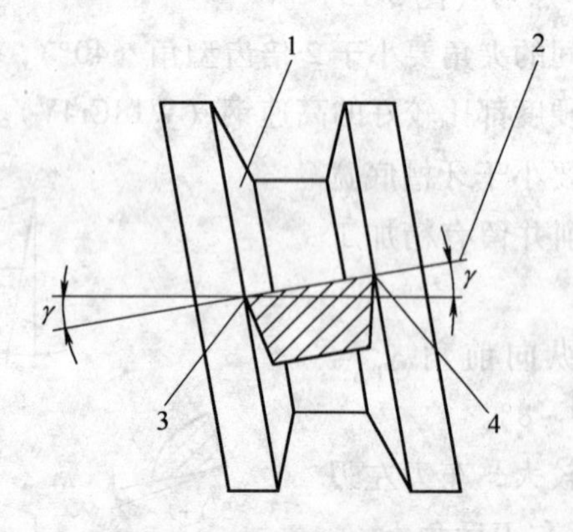

图 3-15 垂直装刀法

1—齿面 2—前刀面 3—左切削刃 4—右切削刃

3.5.4　常见的蜗杆车削方法

和梯形螺纹的车削相同，粗车蜗杆有三种方法，分别为左右车削法、分层切削法和切槽法。精车蜗杆是在粗车以后，切削量很小，车刀前角较大，通常采用直接进给法加工。

1）左右切削法。为防止三个切削刃同时参加切削而引起扎刀，一般可采取左右进给的方式，逐渐车至槽底。

2）切槽法。当 $m_x > 3$mm 时，先用车槽刀将蜗杆直槽车至齿根处，然后用粗车刀粗车成形。

3）分层切削法。当 $m_x > 5$mm 时，切削余量大，可先用粗车刀，逐层地车至槽底。

技能操作训练

加工图 3-16 所示蜗杆轴，毛坯为 ϕ45mm×80mm，材料为 45 钢。

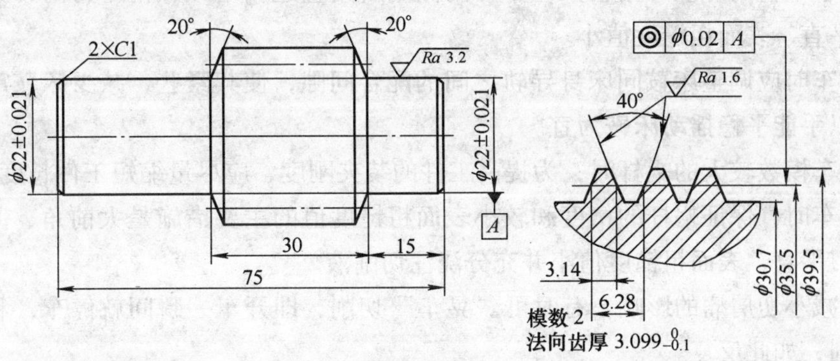

图 3-16　蜗杆轴

参考步骤：

1）一夹一顶装夹工件。

2）粗车 ϕ22mm 长 30mm 至 ϕ23mm 长 29.5mm，并钻中心孔。

3）掉头装夹，粗车 ϕ22mm 长 15mm 至 ϕ22mm 长 14.5mm，粗车蜗杆外径并钻中心孔。

4）一夹一顶，倒角 20°粗车蜗杆螺纹。

5）精车 ϕ22mm 长 15mm 至要求并倒角，精车蜗杆螺纹至中径要求。

6）精车蜗杆外径至要求。

7）掉头两顶尖装夹，精车 ϕ22mm 长 30mm 至尺寸要求，并保证蜗杆螺纹长度。

8）倒角。

9）检查、卸件、并清扫机床。

3.5.5　蜗杆的一般技术条件

1）蜗杆与蜗轮的螺距必须相同。

2）法向和轴向齿厚要符合要求。

3）齿型要符合图样要求，两侧面表面粗糙度值小。

4）蜗杆径向圆跳动不得超差。

3.5.6 蜗杆的测量方法

1）齿顶圆的尺寸可由千分尺或游标卡尺测量，齿根圆主要由进给深度来保证。

2）分度圆直径可以用三针或单针测量法，方法与测量梯形螺纹相同。计算千分尺的读数值 M 及量针直径 d_D 的简化公式见表 3-5。

3）蜗杆的法向齿厚由齿厚游标卡尺直接测量，轴向齿厚与法向齿厚转换关系是 $s_n = s_x\cos\gamma = \dfrac{\pi m_x \cos\gamma}{2}$

3.5.7 操作注意事项

1）车削蜗杆时，应先验证螺距。

2）由于蜗杆的螺纹升角较大，车刀两侧副后角应适当增减；精车刀的刃磨要求是两侧切削刃平直、表面粗糙度值小。

3）粗车时应调整床鞍同床身导轨之间的配合间隙，使其紧些，减少床鞍窜动的可能性。松紧以手能平稳摇动床鞍为宜。

4）粗车模数较大的蜗杆时，为提高工件的装夹刚度，应尽量缩短工件长度。

5）精车时，保证蜗杆的精度和较小表面粗糙度值的主要措施是大前角、薄切屑、低速、切削刃平直，表面粗糙度值小并充分浇注切削液。

6）为减小切屑瘤的影响，有时可“晃车”切削，即开车一瞬间就停车，利用主轴转动惯性切削，如此反复。

【思考与练习】

1. 车削蜗杆轴有哪几种方法？

2. 蜗杆轴的技术条件是什么？

3.6 车削多线螺纹

【知识任务】

1. 了解螺纹分线的重要性。

2. 了解各种分线方法，掌握小滑板刻度盘分线法。

3.6.1 多线螺纹的车削方法——轴向分线法

多线螺纹的各个螺旋槽在轴向和周向都是等距分布的。解决等距分布的方法是分线。分线的精度直接影响到使用寿命。如果精度不高，各条螺旋线距离不等，配合时只有一条或少数几条啮合，造成受力不均，磨损加剧。因此，必须正确掌握分线方法，重视分线精度。分线有轴向分线和圆周分线两种方法。由于圆周分线操作对操作者技能要求特别高，故本书只介绍轴向分线。

在加工完第一条螺纹后，沿工件方向，将车刀移动一个螺距再加工另一螺纹，这种分线方法称轴向分线。轴向分线的特点是只要精确移动车刀就能够完成分线。这种分线方法一般都是通过移动小滑板来实现车刀的移动，因此小滑板导轨必须与工件轴线平行，否则会造成分线分线误差，影响加工精度。

轴向分线有三种方法，分别是利用小滑板刻度盘分线法、量块分线法和百分表分线法。

1. 小滑板刻度盘分线法

通过转动小滑板刻度盘移动小滑板，改变车刀位置，使车刀沿工件轴线方向移动一个或几个螺距，这种分线方法称小滑板分度盘分线法。其特点是操作简便，不需要其他辅助工具，但是分线精度不高，一般在粗车时使用。例如，车削导程为4mm的双线螺纹时，其螺距为2mm，小滑板刻度每格为0.05mm，且需要移动2mm，故分线小滑板应转2mm ÷ 0.05(mm/格) = 40格。

2. 量块分线法

用量块来控制小滑板的移动距离，从而控制车刀的位置，这种分线方法称量块分线法。

在车削等距要求高的多线螺纹时常采用这种方法。首先在床鞍和小滑板上分别固定一个固定挡铁和触头，准备量块长度分别为一个螺距（车双线螺纹用）、两个螺距（车三线螺纹用）、……。在车削第一条螺纹时，让触头和挡铁接触。粗车完第一条螺纹，移动小滑板，将一个螺距的量块放在挡铁和触头之间。然后车削第二条螺纹。同样的方法可以加工3线及3线以上的螺纹。

采用量块分线时，为保证分线精度，每次夹紧的力度应保持适当，保持相同。

3. 百分表分线法

用百分表来控制小滑板的位移，这种分线方法称百分表分线法。车削完一条螺纹后，将百分表表座固定在机床上，触头轴向与工件轴向相同，使触头接触垂直接触刀架。调零后，转动小滑板刻度盘，使百分表读数等于一个螺距。这样用百分表来控制车刀位移，精度高。该方法受到百分表量程的限制，一般在10mm以内。

技能操作训练

使用小滑板分线法，加工Tr36×12（P6）双线梯形螺纹，简单的车削方法分四步进行，如图3-17所示。

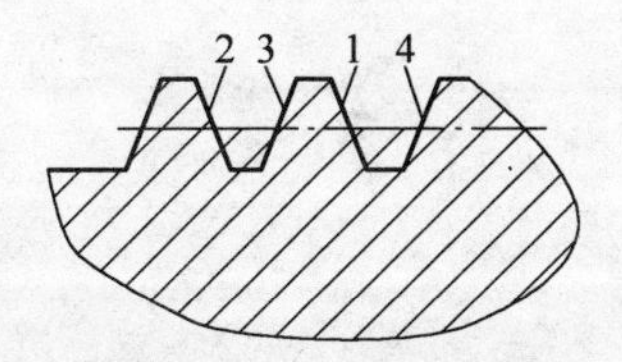

图3-17 双线螺纹车削顺序

1）粗车第一条螺旋线。小滑板刻度对齐“0”位，车螺纹左侧面，根据要求定出中滑板进给深度并做记号（可用粉笔划线）。在小滑板上确定从“0”位开始的赶刀量，并做记号。

2）粗车第二条螺旋线。从“0”位开始计算，将小滑板向前移动一个螺距，车第二条螺纹左侧面，中、小滑板进给深度和赶刀量同第一条螺纹。

3）粗车第二条螺旋线右侧，为消除小滑板反向间隙，可将小滑板手柄向前摇半圈，再向后摇至第二次的记号，车第二条螺纹的右侧面，中、小滑板的进给深度和赶刀量同左侧。

4）粗车第一条螺旋线右侧，将小滑板向后移动一个螺距，车第一条螺纹右侧，中、小滑板的进给深度和赶刀量同第二条螺纹右侧。

3.6.2 车削多线螺纹应满足的技术条件

1）多线螺纹的螺距必须相等。

2）多线螺纹每条螺纹的小径（底径）要相等。

3）多线螺纹每条螺纹的牙型角要相等。

3.6.3 操作注意事项

1）多线螺纹导程大，走刀速度快，车削时要防止车刀、刀架及中滑板、小滑板碰撞卡盘和尾座。

2）由于多线螺纹升角大，车刀两侧后角要相应增减。

3）每次分线时，小滑板手柄转动方向要相同，否则由于丝杠和螺母之间的间隙产生误差。在采用左右切削法时，一般先加工牙型的各左侧面，再车牙型的各右侧面。

4）小滑板分度时，要先检查小滑板行程量是否满足分线要求，可将小滑板先向尾座方向摇动。小滑板移动方向要同主轴轴线平行，车削前要调整小滑板的间隙，不要过松，以防止切削时移位，造成分线误差。

5）用百分表分线时，应使百分表测杆平行于主轴轴线。

6）加工结束后，应关闭电源及时调整好交换齿轮及螺距手柄的位置。

【思考与练习】

1. 车削多线螺纹的分线方法有哪些？

2. 使用小滑板分线法为导程为6mm的双线梯形螺纹分线。

项目四　加工偏心件

4.1　在单动卡盘上车削偏心件

学习任务

1. 掌握在单动卡盘上车削偏心工件的方法。
2. 掌握偏心工件的划线方法。
3. 掌握偏心工件的检验方法。
4. 掌握偏心距的检验方法。

偏心件就是外圆和外圆的轴线或外圆和内孔的轴线平行但不重合的零件，这两条平行轴线之间的距离称为偏心距。外圆与外圆偏心的零件称为偏心轴或偏心盘，外圆与内孔偏心的零件称为偏心套，如图 4-1 所示。

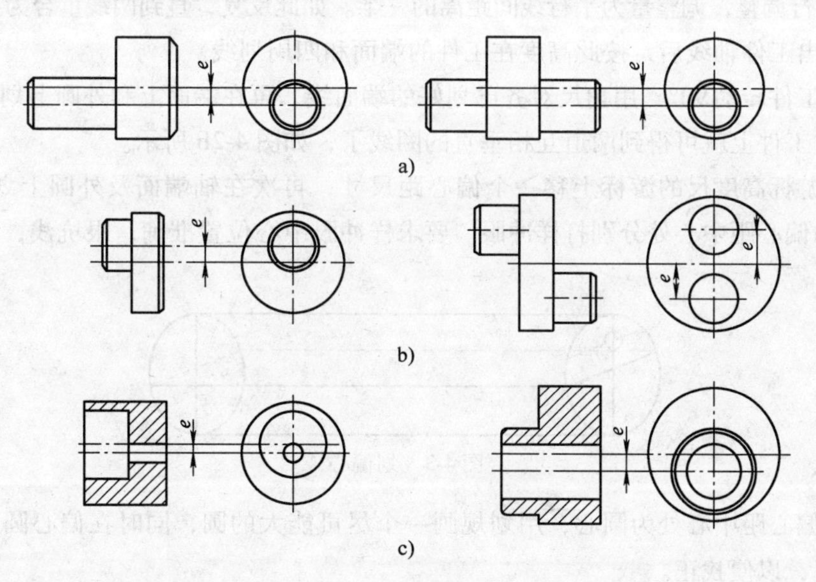

图 4-1　偏心件

a）偏心轴　b）偏心盘　c）偏心套

在机械加工中，回转运动变为往复直线运动或直线运动变为回转运动，一般都是利用偏心件来完成的，如液压泵中的偏心轴、汽车发动机曲轴等。

4.1.1　偏心工件的划线方法

当工件数量少，长度短不便于在两顶尖上装夹时，可装夹在单动卡盘上加工偏心，但必须按划好的偏心和侧素线找正，使偏心轴线与车床主轴轴线重合，工件装夹后即可车削。划线方法如下：

1. 准备工件

把工件毛坯车成圆轴，使它的直径等于 D，长度等于 L。在轴的两端面和外圆上涂色，待干后把其放在 V 形架上进行划线。

2. 划线

用高度游标卡尺先在端面上和外圆上划一组与工件中心线等高的水平线，如图 4-2a 所示，步骤如下。

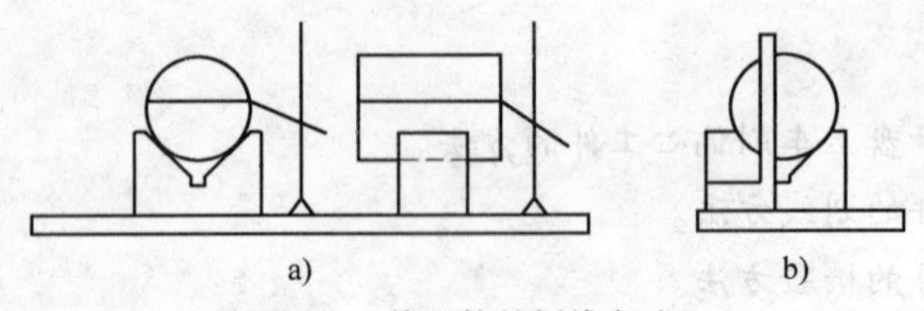

图 4-2　偏心件的划线方法

1）将游标卡尺上的划针放到光轴最高点，记下读数，然后下移游标至工件直径尺寸的一半，并在工件的断面上轻轻地画一条细线。将工件翻转 180°，游标不动，再在端面上轻划另一条水平线。检验两次划线是否重合，若重合，即为此工件的中心线；若不重合，需将游标高度尺进行调整，调整量为平行线间距离的一半。如此反复，直到两线重合为止。

2）找出工件轴线后，按此高度在工件的端面和四周划线。

3）把工件转动 90°，用角尺对齐已划好的端面线，再在端面上和外圆上划另一组水平圈线。这样工件上就可得到两道互相垂直的圈线了，如图 4-2b 所示。

4）将游标高度尺的游标上移一个偏心距尺寸，再次在轴端面及外圆上划一道圈线，在轴两端的偏心距中心处分别打样冲眼。要求样冲眼中心位置准确，眼坑浅，小而圆，如图 4-3 所示。

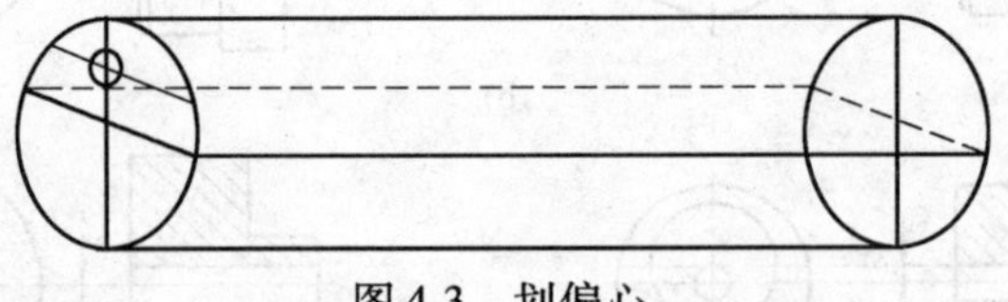

图 4-3　划偏心

5）以偏心距中心处为圆心，用划规画一个尽可能大的圆，同时在偏心圆上均匀地打几个样冲眼，以便找正。

4.1.2　车削偏心工件

1. 装夹

把划好线的工件装在单动卡盘上。在装夹时，先调节卡盘的两爪，使其呈不对称位置，另外两爪呈对称位置，工件偏心圆线在夹盘中心处，如图 4-4 所示。

2. 找正

在床面上放好划线盘，针尖对准偏心圆线，找正偏心圆。然后把针尖对准外圆水平线，如图 4-5 所示，自左至右检查水平线是否水平。

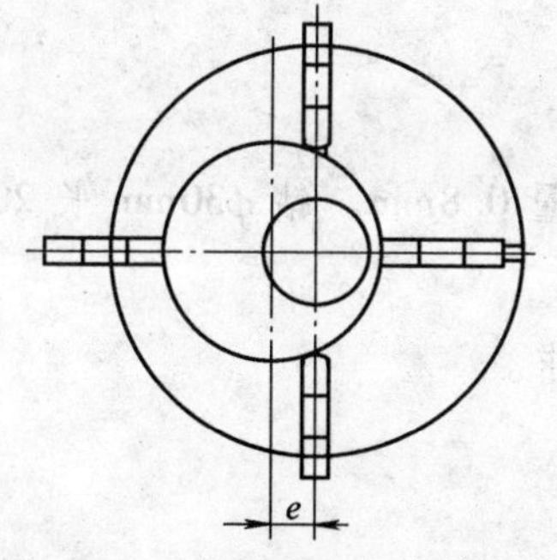

图 4-4　用单动卡盘夹持偏心件

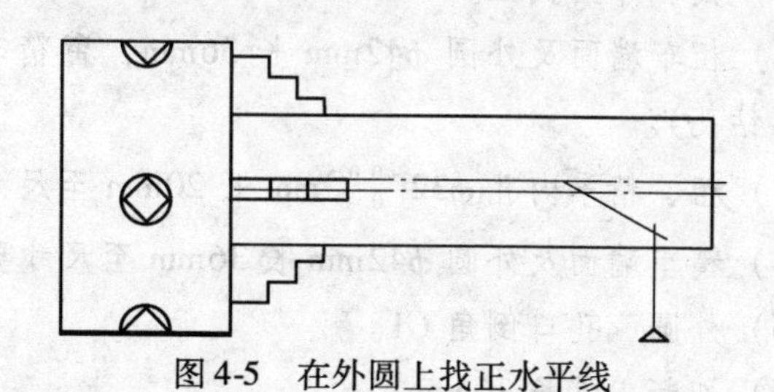

图 4-5　在外圆上找正水平线

3. 注意事项

工件经找正后，把四爪再拧紧一遍，即可进行切削，如图 4-6 所示。在初切削时，进给量要小，背吃刀量也要小。等工件车圆后，切削用量可以增加，否则就会损坏车刀或使工件移位。

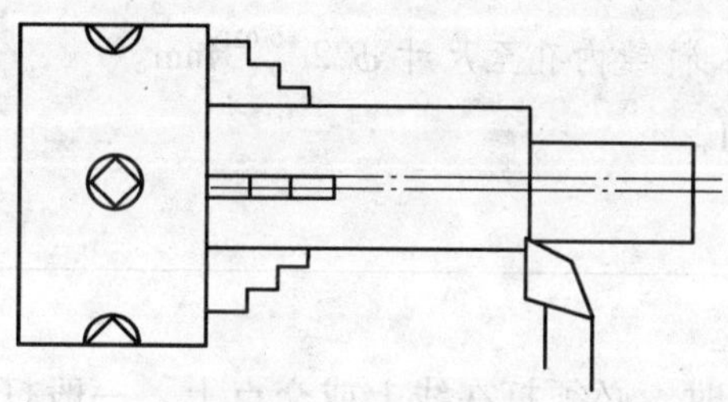

图 4-6　车削偏心件

技能操作训练

用单动卡盘夹持，车削图 4-7 所示偏心套。

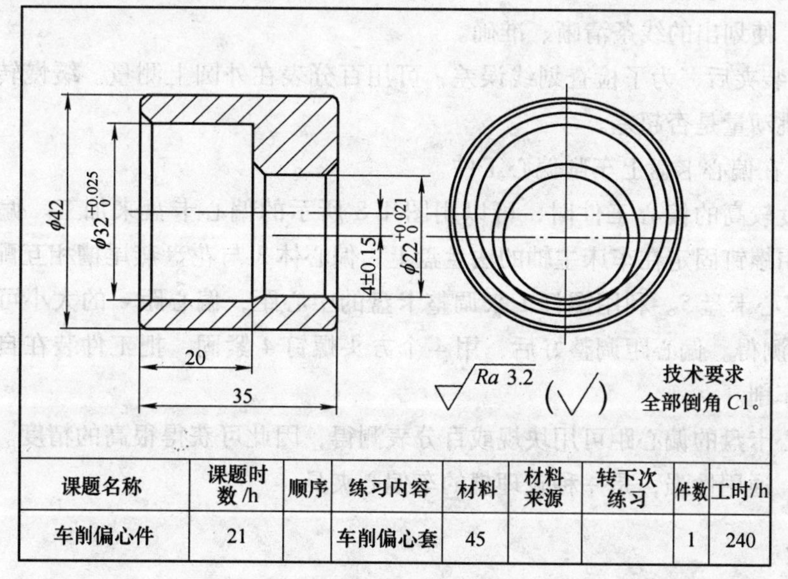

课题名称	课题时数/h	顺序	练习内容	材料	材料来源	转下次练习	件数	工时/h
车削偏心件	21		车削偏心套	45			1	240

图 4-7　车削偏心套

参考步骤：

1）夹住外圆找正。

2）粗车端面及外圆 ϕ42mm 长 36mm，留精车余量 0.8mm。钻 ϕ30mm 长 20mm 孔（包括钻孔）。

3）粗、精车内孔 $\phi32^{+0.025}_{0}$mm 长 20mm 至尺寸要求。

4）精车端面及外圆 ϕ42mm 长 36mm 至尺寸要求。

5）外圆、孔口倒角 $C1$。

6）切断工件长 36mm。

7）掉头夹住 ϕ42mm 外圆并找正，车准总长 35mm 并倒角 $C1$。控制两端面平行度误差在 0.03mm 之内。

8）在工件上划线，并在线上打样冲眼。

9）按划线要求，在单动卡盘上进行找正。

10）钻 ϕ20mm 孔粗、精镗内孔至尺寸 $\phi22^{+0.021}_{0}$mm。

11）孔口两端倒角 $C1$。

12）检查。

4.1.3 操作注意事项

1）在划线上打样冲眼时，必须打在线上或交点上。一般打 4 个样冲眼即可。操作时要认真、仔细、准确，否则容易造成偏心距误差。

2）平板、划线盘底面要平整、清洁，否则容易产生划线误差。

3）划针要经过热处理使划针头部的硬度达到要求，尖端磨成 15°～20°的锥角，头部要保持尖锐，使划出的线条清晰、准确。

4）工件装夹后，为了检查划线误差，可用百分表在外圆上测量。缓慢转动工件，观察其径向圆跳动量是否超差。

【知识拓展】 在偏心卡盘上车削偏心工件

车削精度较高的偏心工件时，可以用图 4-8 所示的偏心卡盘来加工。偏心卡盘分两层，花盘 2 用螺钉固定在车床主轴的法兰盘上，偏心体 3 与花盘燕尾槽相互配合。偏心体 3 上装有自定心卡盘 5。利用螺杆 1 来调整卡盘的中心距，偏心距 e 的大小可在两个测量头 6、7 之间测得。偏心距调整好后，用 4 个方头螺钉 4 紧固，把工件装在自定心卡盘上就可以进行车削。

由于偏心卡盘的偏心距可用块规或百分表测得，因此可获得很高的精度。其次偏心卡盘调整方便，通用性强，是一种较理想的车偏心夹具。

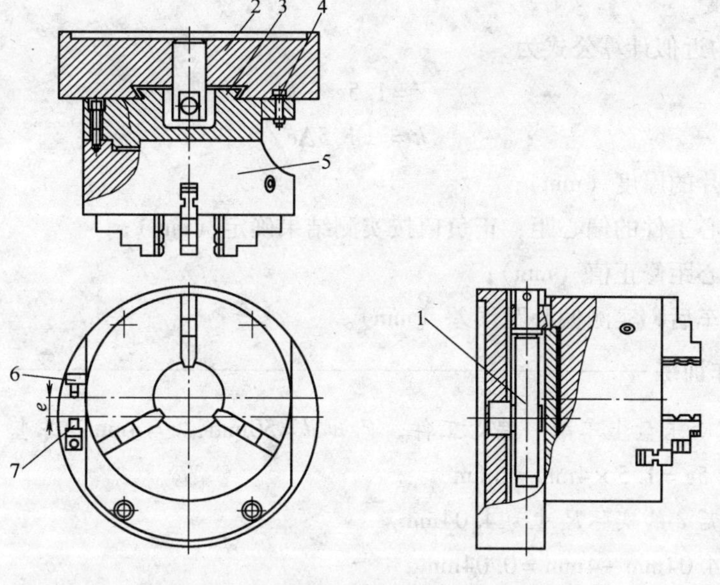

图 4-8　偏心卡盘

1—螺杆　2—花盘　3—偏心体　4—方头螺钉

5—自定心卡盘　6、7—测量头

4.2　在自定心卡盘上车削偏心件

学习任务

1. 掌握在自定心卡盘上加工偏心件的方法。
2. 掌握垫片厚度的计算方法。
3. 掌握偏心件的划线方法。
4. 掌握偏心距的修正和检验方法。

4.2.1　车削偏心件

当偏心件的长度较短、数量较多、偏心距较小，精度要求不高时，可以在自定心卡盘的一个卡爪上垫上垫片，使工件产生偏心来车削偏心工件，如图 4-9 所示。

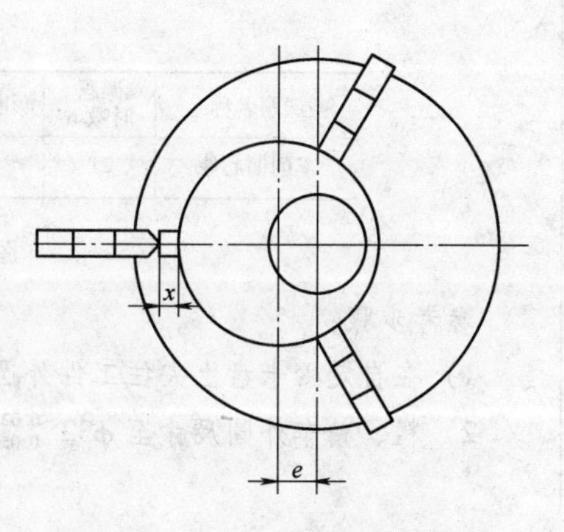

图 4-9　在自定心卡盘上车削偏心件

1. 对垫片的要求

1）要具备一定的硬度，防止因为垫片过软，产生装夹变形，而影响偏心距；

2）垫片靠近卡爪的一侧的面，应尽量和卡盘卡爪的弧度相符，否则会产生较大的偏心距误差。

2. 垫片厚度

垫片厚度的近似计算公式为

$$x = 1.5e \pm k$$

$$k = \pm 1.5\Delta e$$

式中 x——垫片的厚度（mm）；

e——偏心工件的偏心距，正负值按实测结果确定（mm）；

k——偏心距修正值（mm）；

Δe——试车后，实测偏心距误差（mm）。

技能操作训练

1. 在自定心卡盘上车削一偏心工件，已知 $d=50$mm，$e=4$mm，求垫片厚度。

解： $x=1.5e=1.5\times 4\text{mm}=6\text{mm}$

若试车削后 e 的实际尺寸为 4.04mm

则　$\Delta e=4.04\text{mm}-4\text{mm}=0.04\text{mm}$

$k=1.5\Delta e=1.5\times 0.04\text{mm}=0.06\text{mm}$

则垫片实际尺寸为

$$x=1.5e-k=6\text{mm}-0.06\text{mm}=5.94\text{mm}$$

2. 用自定心卡盘夹持并车削图 4-10 所示偏心轴。

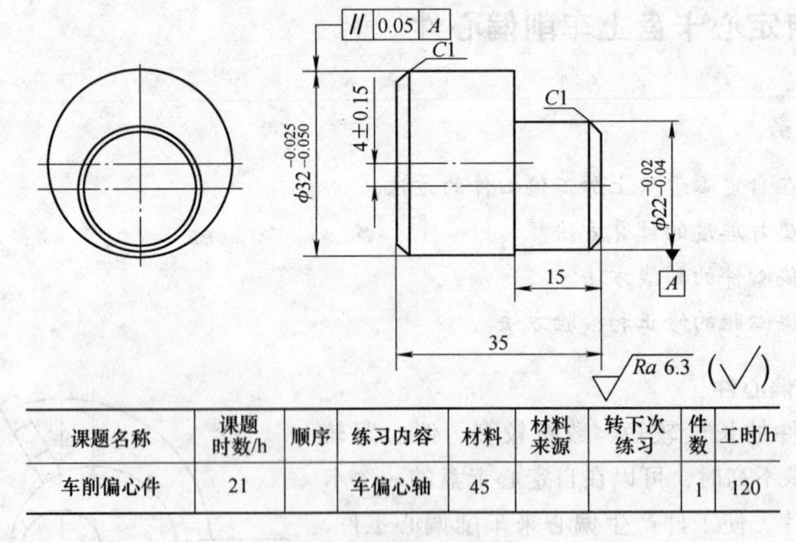

课题名称	课题时数/h	顺序	练习内容	材料	材料来源	转下次练习	件数	工时/h
车削偏心件	21		车偏心轴	45			1	120

图 4-10　车偏心轴

参考步骤：

1）在自定心卡盘上夹住工件外圆，伸出长度 50mm 左右。

2）粗、精车外圆尺寸至 $\phi 32^{-0.025}_{-0.050}$mm，长至 41mm。

3）外圆倒角 $C1$。

4）车断，长 36mm。

5）车准总长 35mm。

6）工件在自定心卡盘上垫垫片装夹、找正、夹紧（垫片厚度为 5.62mm）。

7）粗，精车外圆尺寸至 $\phi22_{-0.04}^{-0.02}$mm，长至 15mm。

8）外圆倒角 $C1$ 。

9）检查。

4.2.2　操作注意事项

1）垫片的材料应有一定的硬度，以防止装夹时发生变形。垫片上与爪脚接触的一面应做成圆弧面，其圆弧大小等于或小于爪脚圆弧。如果做成平的，则在垫片与爪脚之间将会产生间隙，造成误差。

2）为了防止硬质合金刀头的碎裂，车刀应有一定的刃倾角，背吃刀量深一些，进给量小一些。

3）由于工件偏心，在开车前车刀不能靠近工件，以防工件碰击车刀。

4）车削偏心工件时，建议采用高速钢车刀车削。

5）为了保证心轴两轴线的平行度，装夹时应用百分表校正工件外圆，使外圆侧素线与车床主轴轴线平行。

6）安装后为了校验偏心距，可用百分表（量程大于 8mm）在圆周上测量，缓慢转动，观察其径向圆跳动量，是否是 8mm。

7）按上述方法检查后，如偏差超过允差范围，应调整垫片厚度，然后才可正式车削。

8）在自定心卡盘上车削偏心件，一般仅适用于加工精度要求不是很高，偏心距在 10mm 以下的短偏心件。

9）划线、打样冲眼要认真、仔细、准确，否则，容易造成两轴歪斜和偏心距误差。

10）支撑螺钉不能支撑得太紧，以防工件变形。

11）由于是车削偏心件，车削时要防止硬质合金车刀在车削时被碰坏。

12）车削偏心工件时顶尖受力不均匀，前顶尖容易损坏或移位，因此必须经常检查。

【思考与练习】

制作偏心垫片应当注意什么？如何计算偏心垫片的尺寸？

【知识拓展】 在专用夹具上车削偏心工件

加工数量较多的短偏心工件时，可以制造专用夹具来装夹工件。图 4-11 所示是一种简单的偏心夹具，夹具中预先加工一个偏心孔，其偏心距等于工件的偏心距，工件插在偏心孔中，用螺钉紧固。也可以把夹具的较薄处铣开一条狭槽，依靠狭槽部位的变形来夹紧工件。

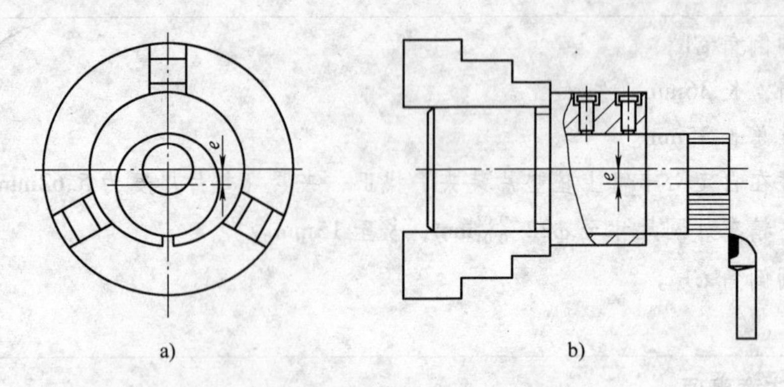

图 4-11 用专用夹具车削偏心工件
a）用变形紧固工件 b）用螺钉紧固工件

4.3 在两顶尖间加工偏心件

学习任务

1. 掌握车削偏心轴的方法和步骤。
2. 掌握偏心轴的划线方法。
3. 能够分析废品的产生原因。

如图 4-12 所示，较长的偏心轴只要轴的两端面能钻出中心孔，有鸡心夹头的装置，一般应该用在两顶尖间车削心的方法。其操作方法如下。

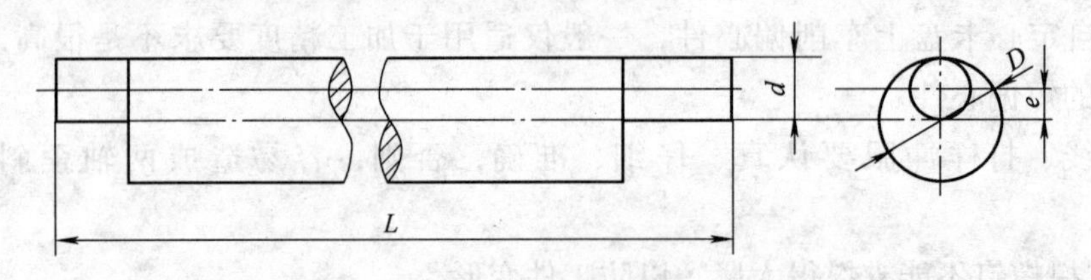

图 4-12 偏心轴

1）把毛坯车成要求的直径 D 和长度 L。

2）在轴的两端面和需要划线的圆柱表面涂色，然后把工件放在 V 形块上，用高度游标划线尺量取轴的最高点与划线平板之间的距离，记下尺寸，再把高度划线尺的游标下移到工件半径的尺寸，在工件的端面和圆柱表面划线。

3）把工件转动 90°，用直角尺对齐已划好的端面线，再用调整好的高度划线尺，在两端面和圆柱表面划线。

4）把高度划线尺的游标上移一个偏心距 e 的尺寸，并在两端面和圆柱表面划线，端面上的交点即是偏心中心点。

5）在所划的线上打几个样冲眼，并在工件的两端面的偏心中心点上分别钻出中心孔。

6）用两顶尖顶在中心孔内，这样就可以车削，如图 4-13 所示。

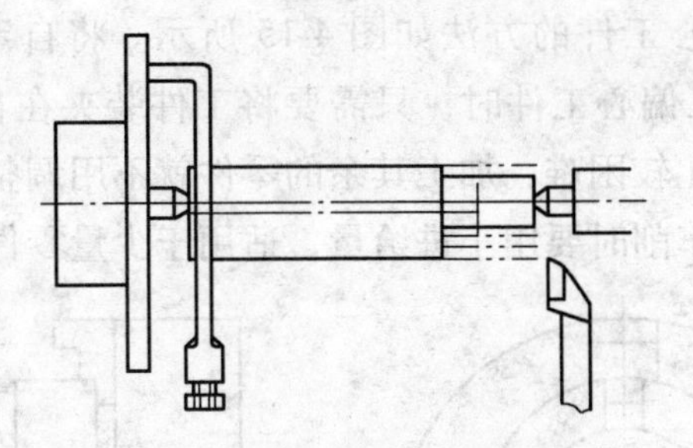

图 4-13　在两顶尖间车削偏心轴

技能操作训练

利用两顶尖间车削图 4-14 所示偏心轴。

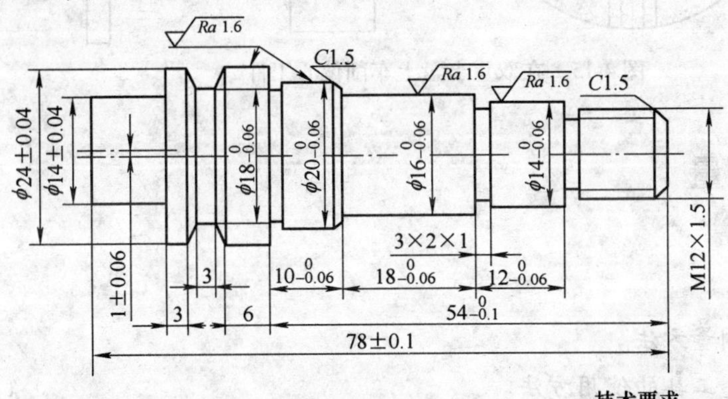

技术要求

1. 不准使用砂纸或锉刀打磨工件表面。
2. 锐角倒钝C0.2。

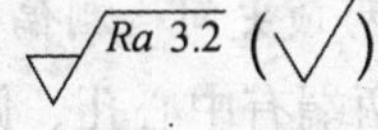

图 4-14　偏心轴

1）用自定心卡盘夹住工件的一端的外圆，车削工件另一端的端面，钻中心孔 ϕ3mm。

2）一顶一夹车削外圆 ϕ24mm 至尺寸要求，长度尽可能车得长些。

3）用自定心卡盘夹住工件的外圆，车准工件的总长 78mm，工件两端面的表面粗糙度要达到要求。

4）把工件放在 V 形槽上，进行划线。

5）在工件两端面上，根据偏心距的间距，在相应位置钻中心孔。

6）在两顶尖间安装工件，车削 ϕ14mm 至尺寸要求。

7）检查。

【思考与练习】

在两顶尖上车削偏心件应当注意什么问题？

【知识拓展】在双重卡盘上车削偏心工件

在双重卡盘上车削偏心工件的方法如图 4-15 所示。将自定心卡盘夹在单动卡盘上，并偏移一个偏心距 e，加工偏心工件时，只需要将工件装夹在自定心卡盘上就可以车削。这种方法第一次装夹找正比较困难，加工其余的零件就不用调整偏心距了。但该法两只卡盘重叠在一起，刚性差，车削时要用小进给量，适用于少量零件的生产。

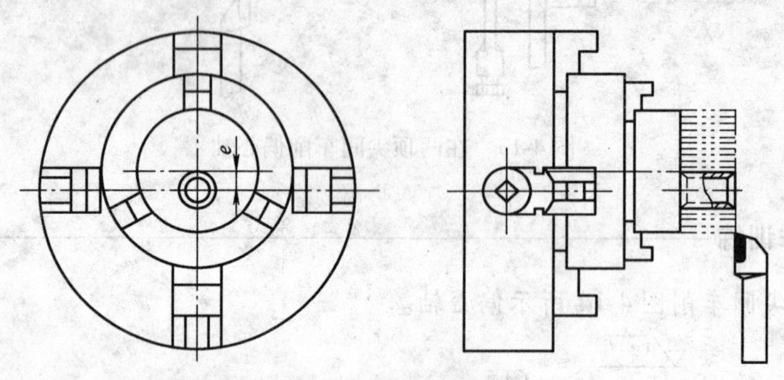

图 4-15　在双重卡盘上车削偏心工件

4.4　偏心件的测量

学习任务

1. 掌握偏心距的测量方法。
2. 掌握各种量具、工具的使用方法。

偏心件中偏心距的尺寸精度是加工的要点，通常偏心距的测量方法有以下两种。

1. 在两顶尖间检测偏心距

对于两端有中心孔、偏心距较小、不易放在 V 形架上测量的轴类零件，可放在两顶尖间测量偏心距，如图 4-16 所示。测量时，使百分表的测量头接触在偏心部位，用手均匀、缓慢地转动偏心轴，百分表上指示出的最大值与最小值之差的一半就是偏心距。

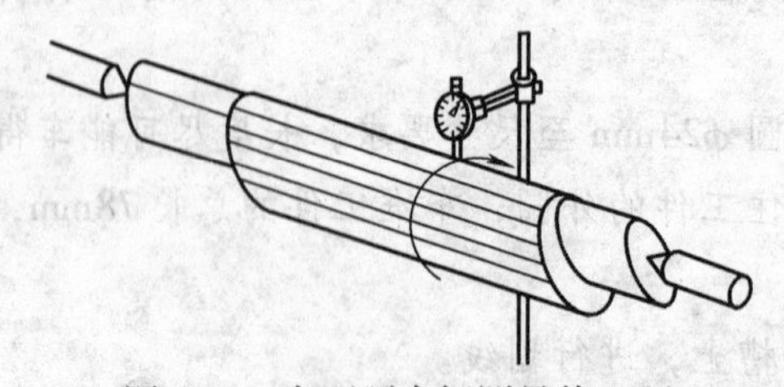

图 4-16　在两顶尖间测量偏心距

偏心套的偏心距也可以用类似的方法来测量，但使用时要将偏心套套在心轴上，然后在两顶尖间测量。

2. 在 V 形架上测量偏心距

当工件无中心孔或工件较短时，偏心距 e <5mm 时，可将工件外圆放置在 V 形架上，转

动偏心件，通过百分表读数最大值与最小值之间差值的一半确定偏心距，如图 4-17 所示。

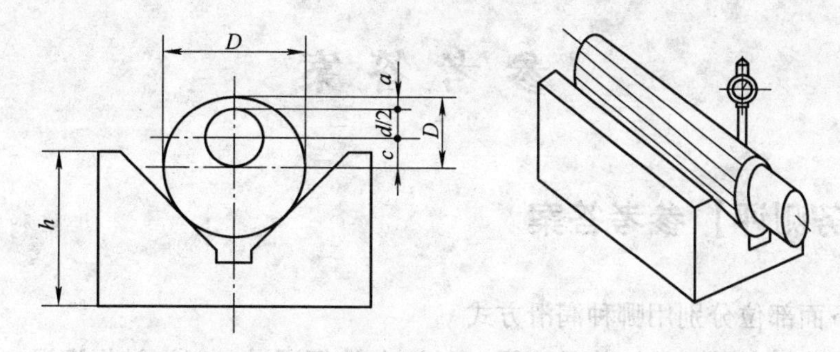

图 4-17　在 V 形架上间接测量偏心距

当工件的偏心距较大 $e \geqslant 5\text{mm}$ 时，因受百分表测量范围的限制，可采用图 4-18 所示的方法间接测量工件的偏心距。

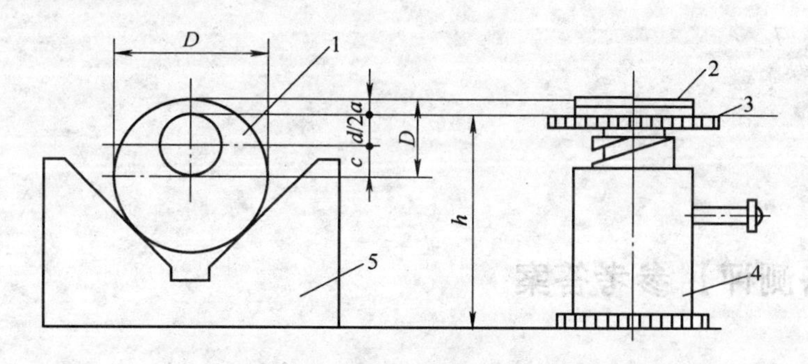

图 4-18　在 V 形架上间接测量较大的偏心距

1—偏心工件　2—量块　3—可调整量规平面　4—可调整量规　5—V 形架

测量时，将 V 形架置于测量平板上。工件放在 V 形架中，转动偏心工件，用百分表先找出偏心件的偏心外圆的最高点，将工件固定，然后使可调整量规平面与偏心工件的偏心外圆最高点等高，再按下面的公式算出偏心件的偏心外圆到基准外圆之间的最小距离 a，即

$$a = \frac{D}{2} - \frac{d}{2} - e$$

式中　a——偏心外圆到基准外圆之间的最小距离（mm）；

D——基准圆直径的实际尺寸（mm）；

d——偏心圆直径的实际尺寸（mm）；

e——工件的偏心距（mm）。

选择一组量块，使之组成的尺寸等于 a，并将此组量块放置在可调整量规平面上，再水平移动百分表，先测量基准外圆最高点，得一读数 A，继而测量量块上表面得另一读数 B，比较这两读数，分析误差是否在偏心距误差范围内，以确定偏心件的偏心距是否满足要求。

【思考与练习】

测量图 4-14 所示偏心轴的偏心距。

参考答案

0.4 【任务测评】参考答案

1. 分析下面部位分别用哪种润滑方式

（1）弹子油杯润滑；（2）浇油润滑；（3）黄油杯润滑；（4）油绳润滑。

2. 填空

（1）三个月

（2）每班

（3）每班，7

（4）每班

（5）前后

（6）500

0.5 【任务测评】参考答案

解：

背吃刀量

$$a_p = \frac{d_w - d_m}{2} = \frac{60\text{mm} - 55\text{mm}}{2} = 2.5\text{mm}$$

因为

$$v_c = \frac{\pi d n}{1000}$$

所以主轴转速 $n = \frac{1000 v_c}{\pi d} = \frac{1000 \times 80\text{mm/s}}{\pi \times 60\text{mm}} \approx 424\text{r/min}$

1.2 【思考与练习】参考答案

1. 略

2. 回答下面问题。

1）① 选用合理的刀具和刀具几何参数。针对加工材料和机床功率等条件，正确选用和刃磨刀具是保证车削加工质量和效率的前提。

② 粗车外圆时采用尽可能大的背吃刀量和进给速度，以尽快去除大余量材料。

③ 采用合理的进退行程路线，减少空加工时间

2）刀具磨损是切削加工过程中不可避免的现象，但刀具磨损过快或发生非正常磨损（也称破损），必然会影响加工质量，增加刀具消耗，使生产效率降低，加工成本提高。刀具磨损产生的原因非常复杂，在不同的工件材料、刀具材料和切削条件下，磨损的原因和磨损程度是不同的，但切削温度对刀具磨损具有决定性的影响。

降低刀具磨损的重要途径就是控制切削温度。

① 在保证切削刃强度的前提下，适当地增大刀具的前角，减少切削层金属的塑性变形程度，以减少切削热的产生。

② 在切削刚性较好的工件时，可适当减小主偏角，以使参与切削的切削刃变宽，改善刀具的散热条件。

③ 当切削加工余量较大的工件时，在机床进给机构强度允许的条件下，采取增大进给量和背吃刀量的同时，适当降低切削速度。

④ 合理使用切削液，是降低切削温度有效简便的方法。

1.3 【思考与练习】参考答案

1）端面未车平：在加工端面时，车刀的刀尖一定要过工件的中心。车端面时，不能在工件中心留下凸台或尖点。如果用45°车刀，可在工件中心处车上一个小坑，就更利于中心钻的定位。

2）中心钻未对准工件中心：在进行钻中心孔加工前，首先要确定一下尾座与主轴的中心位置是不是准确，如果未对准，要对尾座进行纠正，再钻孔。

3）主轴转速过低或进给速度过快：由于一般中心钻直径比较小，所以要尽量提高加工时的主轴转速。在钻中心孔时，切削速度不能太慢，进刀速度要均匀，在钻到要求尺寸后，原地停上1~2s，等中心孔圆顺后再退出。

4）中心钻磨损严重或切屑阻塞：加工之前要仔细观察中心钻，确认其刃口完好。在加工过程中对准钻削部分加注充分的切削液。

1.5 【思考与练习】参考答案

1. 在装夹时不使用轴向限位支承，如果工件在加工过程中受到较大的轴向切削力则会出现轴向窜动。

在加工时要充分分析加工工艺，采用正确的装夹方式。通常将工件夹持部位车出12~20mm的台阶，或者在夹持端的端面与卡盘间加入限位支承件。

2. 顶尖在使用时过紧会加速磨损，甚至损坏顶尖。顶尖在使用时过松时，其起不到支顶的作用，会造成中心孔与顶尖接触不良，车削工件的圆度不良。

3. 粗车多台阶时需为第一个台阶留出精车余量，其余各段可按图样上的尺寸车削。

4. 正确选用和装夹车刀，加工直台阶尽量选用90°车刀，刀尖刃磨良好。采用正确的加工工艺，在车到台阶处时退刀时机要把握好。

2.2【思考与练习】参考答案

1. 内孔刀装夹时一般要注意以下几点：

1）刀尖与工件中心等高或稍高。如果刀尖低于工件中心，由于切削力的作用，容易将刀杆压低而产生扎刀现象，并能造成孔径扩大。

2）刀杆伸出刀架不宜过长。如果加工需要刀杆伸出长度较长，可在刀杆下面垫一块垫铁支承刀杆。

3）刀杆要平行于工件轴线，否则车削时，刀杆容易碰到内孔表面。

2. 不通孔和通孔相比较车削难度更大，技术要就更高。即底面要平整、光洁、无凸凹不平。

车削平底孔时，刀尖要对准工件中心，否则孔底难以车平。

车削不通孔时，当纵向进给快接近孔底时要改用手动进给车至孔底。

3. 1）车内孔的关键问题是解决内孔刀的刚性和切屑的排出。

2）通过增加刀杆的截面积或缩短刀杆的伸出长度来增加内孔车刀的刚性。

3）切屑的排出问题主要是指切屑的排出方向。精车内孔时，为了防止切屑刮伤已加工表面，应使切屑向待加工表面方向排出，车刀刃倾角取正值。粗车内孔或不通孔时，可以使切屑向孔口方向排出，车刀刃倾角可取负值。

2.3【思考与练习】参考答案

1. 1）采用开口套装夹。用开口套改变自定心卡盘的三点夹紧为整圆抱紧，即用自定心卡盘夹持开口套使其变形并均匀抱紧薄壁套后再车削内孔。

2）采用大弧形软爪装夹。改装自定心卡盘的三个卡爪，在三个通用卡爪上焊接大弧形软爪，增大夹持面积，减小薄壁套的夹紧和车削变形。注意焊接后的软爪应适当放置一段时间，让其自然变形使其有足够的刚度；

3）用花盘装夹。先在花盘面上车出一凸台，凸台直径与工件内孔之间留 0.5 ~ 1mm 间隙，用螺栓、压板压紧工件的端面，压紧力要均匀，找正后即可精车内孔及内端面。

2. 当台阶孔径较小时，先对小孔进行粗、精车，再对大孔进行粗、精车。

当台阶孔直径较大时，为便于观察测量，通常是先对大孔、小孔进行粗车，然后对大孔、小孔进行精车。

当车大、小孔的孔径相差悬殊的时候，最好选择主偏角小于 90°的车刀，对孔先进行粗车，再用内偏刀精车至所要求的尺寸。

3. 对于控制车孔长度的方法，粗车时一般在刀杆上刻上印痕做记号，或者安放限位铜片，还可以用床鞍刻度盘的刻线等方法控制车孔长度。精车时，还要使用深度游标卡尺、金属直尺等量具通过测量来保证车孔长度。

3.1【思考与练习】参考答案

M24×3-5g6g-L：普通细牙外螺纹，公称直径24mm，螺距3mm，中径公差带代号为5g，顶径公差带代号为6g，长旋合长度。

Tr42×12(P6)-7H：双线梯形内螺纹，公称直径42mm，螺距为6mm，中径和顶径公差带代号为7H，中等旋合长度。

M36×3-6H-S-LH：普通细牙内螺纹，公称直径36mm，螺距为3mm，中径和顶径公差带代号为6H，短旋合长度，左旋。

3.3 【思考与练习】参考答案

1. 略

2. 表面粗糙度值大的原因包括：① 刀尖产生积屑瘤；② 刀柄刚性不够，切削时产生振动；③ 车刀径向前角太大，中滑板丝杠螺母间隙过大产生扎刀；④ 高速钢切削螺纹时，切削厚度太小或切屑向倾斜方向排出，拉毛已加工牙侧的表面；⑤ 工件刚性差，且切削用量过大；⑥ 车刀表面粗糙。

对应的预防措施包括：① 如果是积屑瘤引起的，应适当调整切削速度，避开积屑瘤产生的范围（5~80m/min）；用高速钢车刀切削时，适当降低切削速度，并正确选择切削液；用硬质合金车螺纹时，应适当提高切削速度。② 增加刀柄的截面积并减小刀柄伸出的长度，以增加车刀的刚性，避免振动。③ 减小车刀径向前角，调整中滑板丝杠螺母，使其间隙尽可能最小。④ 高速钢切削螺纹时，最后一刀的切屑厚度一般要大于0.1mm，并使切屑沿垂直轴线方向排出，以免切屑接触已加工表面。⑤ 选择合理的切削用量。⑥ 刀具切削刃口的表面粗糙度要比螺纹加工表面的表面粗糙度小2~3档次，砂轮刃磨车刀完后要用油石研磨。

3. 乱牙的原因是当丝杠转一转时，工件未转过丝杠转数整数倍而造成的，即工件转数不是丝杠转数的整数倍。

常用预防乱牙的方法首先是开倒顺车，即在一次行程结束时，不提起开合螺母，把刀沿径向退出后，将主轴反转，使车刀沿纵向退回，再进行第二次行程，这样往复过程中，因主轴、丝杠和刀架之间的传动没有分离过，车刀始终在原来的螺旋槽中，就不会产生乱牙。其次，当进刀纵向行程完成后，提起开合螺母脱离传动链退回，刀尖位置产生位移，应重新对刀。

4. 1）螺纹全长不正确的原因是交换齿轮计算或组装错误，进给箱、溜板箱有关手柄位置扳错，可重新检查进给箱手柄位置或验算交换齿轮。

2）螺纹局部不正确。螺纹局部不正确的原因是车床丝杠和主轴的窜动过大，溜板箱手轮转动不平衡，开合螺母间隙过大。解决方法：如果是丝杠轴向窜动造成的，可对车床丝杠与进给箱连接处的调整圆螺母进行调整，以消除连接处推力球轴承的轴向间隙；如果是主轴轴向窜动引起的，可调整主轴后调整螺母，以消除推力球轴承的轴向间隙；如果是溜板箱的开合螺母与丝杠不同轴造成啮合不良引起的，可修整开合螺母并调整开合螺母间隙；如果是溜板箱转动不平衡，可将溜板箱手轮拉出使之与转动轴脱开均匀转动。

3.5【思考与练习】参考答案

1. 1）左右切削法。为防止三个切削刃同时参加切削而引起扎刀，一般可采取左右进给的方式，逐渐车至槽底。

2）切槽法。当 $m_x > 3\text{mm}$ 时，先用车槽刀将蜗杆直槽车至齿根处，再用粗车刀粗车成形。

3）分层切削法。当 $m_x > 5\text{mm}$ 时，切削余量大，可先用粗车刀，逐层车至槽底。

2. 1）蜗杆与蜗轮的螺距必须相同。

2）法向和轴向齿厚要符合要求。

3）齿型要符合图样要求，两侧面表面粗糙度值小。

4）蜗杆径向圆跳动不得超差。

3.6【思考与练习】参考答案

1. 车削多线螺纹的分线方法有小滑板分度盘分线法、量块分线法和百分表分线法。

2. 略。

4.2【思考与练习】参考答案

（1）对垫片的要求

1）要具备一定的硬度，防止因为垫片过软，产生装夹变形，而影响偏心距。

2）垫片靠近卡爪的一侧的面，应尽量和卡爪的弧度相符，否则会产生较大的偏心距误差。

（2）垫片厚度

垫片厚度的近似计算公式为

$$x = 1.5e \pm k$$
$$k = \pm 1.5\Delta e$$

式中 x——垫片的厚度（mm）；

e——偏心工件的偏心距，正负值按实测结果确定（mm）；

k——偏心距修正值（mm）；

Δe——试车后，实测偏心距误差（mm）。

4.3 【思考与练习】参考答案

1）用两顶尖安装，车削偏心件时，关键是要保证基准圆中心孔和偏心圆中心孔的钻孔位置精度，否则偏心距精度则无法保证，所以钻中心孔时应特别注意。

2）顶尖与中心孔的接触松紧程度要适当，且应在期间经常加注润滑油，以减少磨损。

3）断续车削偏心圆时，应选用较小的切削用量，初次进给时一定要从离偏心最远处切入。

参考文献

[1] 王公安．车工工艺学［M］．北京：中国劳动社会保障出版社，2005.
[2] 薛峰．车工工艺与技能训练［M］．北京：机械工业出版社，2009.
[3] 机械工业技师考评培训教材编审委员会．车工技师培训教材［M］．北京：机械工业出版社，2005.
[4] 常耀荣．车工［M］．北京：高等教育出版社，1991.
[5] 金福昌．车工（中级）［M］．北京：机械工业出版社，2005.
[6] 乔立新．车工工艺学［M］．长沙：湖南大学出版社，2010.